国家出版基金项目
NATIONAL PUBLICATION FOUNDATION

"十三五"国家重点图书出版规划项目

中国水稻品种志

万建民　总主编

湖南常规稻卷

余应弘　主　编

中国农业出版社

北　京

内容简介

　　湖南省水稻育种历史悠久，成绩显著。自20世纪30年代开展水稻良种评选与改良以来，1985—2014年间经过湖南省农作物品种审定委员会审定并推广的常规稻品种数量达116个，为湖南水稻生产做出了重要贡献。本书为湖南常规稻卷，概述了湖南稻作区划、水稻品种改良的历程及稻种资源状况，主要介绍了在湖南省水稻生产中发挥重要作用且推广种植面积超过6 667hm²的常规水稻品种97个，包括地方品种6个、常规早稻品种57个、常规中稻品种5个、常规晚稻品种29个，各品种配有植株、稻穗、谷粒、米粒相关图片和文字说明。本书还介绍了8位在湖南省乃至全国水稻育种中做出突出贡献的著名专家。

　　为便于读者查阅，各类品种均按汉语拼音顺序排列。同时为便于读者了解品种选育年代，书后还附有品种检索表，包括类型、审定编号和品种权号。

Abstract

　　Rice breeding in Hunan Province has a long history and achieved remarkable success. Since the selection and improvement of rice varieties in 1930s, 116 conventional rice varieties were approved and popularized by the Crop Variety Approval Committee of Hunan Province from 1985 to 2014, making an important contribution to rice production in Hunan. This book is a volume of Hunan conventional rice varieties, summarizing the processes of cultivation regionalization, variety improvement and germplasm resources of rice in Hunan Province. Ninety-seven conventional rice varieties (including 6 local varieties, 57 early-maturing rice varieties, 5 medium-maturing rice varieties and 29 late-maturing varieties), which played an important role in rice production and the extension area exceeded 6 667 hm², were presented in this volume. All varieties were described with detailed characteristics with photos of plants, spikes and grains individually. Moreover, this book also introduced 8 famous rice breeders for conventional rice variety breeding who made outstanding contributions to rice breeding in Hunan Province and even in the whole country.

　　For the convenience of readers' reference, all varieties were arranged according to the order of Chinese phonetic alphabet. At the same time, in order to facilitate readers to access simplified variety information, a variety index was attached at the end of the book, including category, approval number and variety right number etc.

《中国水稻品种志》
编辑委员会

湖南常规稻卷编委会

主　编　余应弘

副主编　谢红军　汤国华　李稳香　王伟成

编　者（以姓氏笔画为序）

王伟成　王建龙　邓华凤　朱明东　汤国华

李稳香　肖　燕　肖庆元　吴立群　余丽亚

余应弘　张广平　张武汉　段永红　凌春强

黄景夏　符慧荣　傅　博　曾晓珊　谢红军

审　校　肖庆元　汤圣祥　杨庆文

前　言

　　水稻是中国和世界大部分地区栽培的最主要粮食作物，水稻的产量增加、品质改良和抗性提高对解决全球粮食问题、提高人们生活质量、减轻环境污染具有举足轻重的作用。历史证明，中国水稻生产的两次大突破均是品种选育的功劳，第一次是20世纪50年代末至60年代初开始的矮化育种，第二次是70年代中期开始的杂交稻育种。90年代中期，先后育成了超级稻两优培九、沈农265等一批超高产新品种，单产达到11～12t/hm²。单产潜力超过16t/hm²的超级稻品种目前正在选育过程中。水稻育种虽然取得了很大成绩，但面临的任务也越来越艰巨，对骨干亲本及其育种技术的要求也越来越高，因此，有必要编撰《中国水稻品种志》，以系统地总结65年来我国水稻育种的成绩和育种经验，提高我国新形势下的水稻育种水平，向第三次新的突破前进，进而为促进我国民族种业发展、保障我国和世界粮食安全做出新贡献。

　　《中国水稻品种志》主要内容分三部分：第一部分阐述了1949—2014年中国水稻品种的遗传改良成就，包括全国水稻生产情况、品种改良历程、育种技术和方法、新品种推广成就和效益分析，以及水稻育种的未来发展方向。第二部分展示中国不同时期育成的新品种（新组合）及其骨干亲本，包括常规籼稻、常规粳稻、杂交籼稻、杂交粳稻和陆稻的品种，并附有品种检索表，供进一步参考。第三部分介绍中国不同时期著名水稻育种专家的成就。全书分十八卷，分别为广东海南卷、广西卷、福建台湾卷、江西卷、安徽卷、湖北卷、四川重庆卷、云南卷、贵州卷、黑龙江卷、辽宁卷、吉林卷、浙江上海卷、江苏卷，以及湖南常规稻卷、湖南杂交稻卷、华北西北卷和旱稻卷。

　　《中国水稻品种志》根据行政区划和实际生产情况，把中国水稻生产区域分为华南、华中华东、西南、华北、东北及西北六大稻区，统计并重点介绍了自1978年以来我国育成年种植面积大于40万hm²的常规水稻品种如湘矮早9号、原丰早、浙辐802、桂朝2号、珍珠矮11等共23个，杂交稻品种如D优63、冈优22、南优2号、汕优2号、汕优6号等32个，以及2005—2014年育成的超级稻品种如龙粳31、武运粳27、松粳15、中早39、合美占、中嘉早17、两优培九、准两优527、辽优1052和甬优12、徽两优6号等111个。

　　《中国水稻品种志》追溯了65年来中国育成的8 500余份水稻、陆稻和杂交水稻现代品种的亲源，发现一批极其重要的育种骨干亲本，它们对水稻品种的遗传改良贡献巨大。据不完全统计，常规籼稻最重要的核心育种骨干亲本有矮仔占、南特号、珍汕97、矮脚南特、珍珠矮、低脚乌尖等22个，它们衍生的品种数超过2 700个；常规粳稻最重要的核心育种骨干亲本有旭、笹锦、坊主、爱国、农垦57、农垦58、农虎6号、测21等20个，衍生的品种数超过2 400个。尤其是携带*sd1*矮秆基因的矮仔占质源自早期从南洋引进后就成为广西容县一带优良农家地方品种，利用该骨干亲本先后育成了11代超过405个品种，其中种植面积较大的育成品种有广场矮、珍珠矮、广陆矮4号、二九青、先锋1号、特青、桂朝2号、双桂1号、湘早籼7号、嘉育948等。

《中国水稻品种志》还总结了我国培育杂交稻的历程，至今最重要的杂交稻核心不育系有珍汕97A、Ⅱ−32A、V20A、协青早A、金23A、冈46A、谷丰A、农垦58S、安农S−1、培矮64S、Y58S、株1S等21个，衍生的不育系超过160个，配组的大面积种植品种数超过1 300个；已广泛应用的核心恢复系有17个，它们衍生的恢复系超过510个，配组的杂交品种数超过1 200个。20世纪70～90年代大部分强恢复系引自国外，包括IR24、IR26、IR30、密阳46等，它们均含有我国台湾地方品种低脚乌尖的血缘（*sd1*矮秆基因）。随着明恢63（IR30／圭630）的育成，我国杂交稻恢复系选育走上了自主创新的道路，育成的恢复系其遗传背景呈现多元化。

《中国水稻品种志》由中国农业科学院作物科学研究所主持编著，邀请国内著名水稻专家和育种家分卷主撰，凝聚了全国水稻育种者的心血和汗水。同时，在本志编著过程中，得到全国各水稻研究教学单位领导和相关专家的大力支持和帮助，在此一并表示诚挚的谢意。

《中国水稻品种志》集科学性、系统性、实用性、资料性于一体，是作物品种志方面的专著，内容丰富，图文并茂，可供从事作物育种和遗传资源研究者、高等院校师生参考。由于我国水稻品种的多样性和复杂性，育种者众多，资料难以收全，尽管在编著和统稿过程中注意了数据的补充、核实和编撰体例的一致性，但限于编著者水平，书中疏漏之处难免，敬请广大读者不吝指正。

编　者

2018年4月

目　录

第一章
中国稻作区划与水稻品种
遗传改良概述

水稻是中国最主要的粮食作物之一，稻米是中国一半以上人口的主粮。2014年，中国水稻种植面积3 031万hm²，总产20 651万t，分别占中国粮食作物种植面积和总产量的26.89%和34.02%。毫无疑问，水稻在保障国家粮食安全、振兴乡村经济、提高人民生活质量方面，具有举足轻重的地位。

中国栽培稻属于亚洲栽培稻种（*Oryza sativa* L.），有两个亚种，即籼亚种（*O. sativa* L. subsp. *indica*）和粳亚种（*O. sativa* L. subsp. *japonica*）。中国不仅稻作栽培历史悠久，稻作环境多样，稻种资源丰富，而且育种技术先进，为高产、多抗、优质、广适、高效水稻新品种的选育和推广提供了丰富的物质基础和强大的技术支撑。

中华人民共和国成立以来，通过育种技术的不断改进，从常规育种（系统选择、杂交育种、诱变育种、航天育种）到杂种优势利用，再到生物技术育种（细胞工程育种、分子标记辅助选择育种、遗传转化育种等），至2014年先后育成8 500余份常规水稻、陆稻和杂交水稻现代品种，其中通过各级农作物品种审定委员会审（认）定的水稻品种有8 117份，包括常规水稻品种3 392份，三系杂交稻品种3 675份，两系杂交稻品种794份，不育系256份。在此基础上，实现了水稻优良品种的多次更新换代。水稻品种的遗传改良和优良新品种的推广，栽培技术的优化和病虫害的综合防治等一系列技术革新，使我国的水稻单产从1949年的1 892kg/hm²提高到2014年的6 813.2kg/hm²，增长了260.1%；总产从4 865万t提高到20 651万t，增长了324.5%；稻作面积从2 571万hm²增加到3 031万hm²，仅增加了17.9%。研究表明，新品种的不断育成和推广是水稻单产和总产不断提高的最重要贡献因子。

第一节　中国栽培稻区的划分

水稻是喜温喜水、适应性强、生育期较短的谷类作物，凡温度适宜、有水源的地方，均可种植水稻。中国稻作分布广泛，最北的稻作区位于黑龙江省的漠河（北纬53°27′），为世界稻作区的北限；最高海拔的稻作区在云南省宁蒗县山区，海拔高度2 965m。在南方的山区、坡地以及北方缺水少雨的旱地，种植有较耐干旱的陆稻。从总体看，由于纬度、温度、季风、降水量、海拔高度、地形等的影响，中国水稻种植面积存在南方多北方少，东南集中西北分散的状况。

本书以我国行政区划（省、自治区、直辖市）为基础，结合全国水稻生产的光温生态、季节变化、耕作制度、品种演变等，参考《中国水稻种植区划》（1988）和《中国水稻生产发展问题研究》（2010），将全国分为华南、华中华东、西南、华北、东北和西北六大稻区。

一、华南稻区

本区位于中国南部，包括广东、广西、福建、海南等大陆4省（自治区）和台湾省。本区水热资源丰富，稻作生长季260～365d，≥10℃的积温5 800～9 300℃；稻作生长季日照时数1 000～1 800h，降水量700～2 000mm。稻作土壤多为红壤和黄壤。本区的籼稻面积占95%以上，其中杂交籼稻占65%左右，耕作制度以双季稻和中稻为主，也有部分单季晚稻，部分地区实行与甘蔗、花生、薯类、豆类等作物当年或隔年水旱轮作。

2014年本区稻作面积503.6万hm²（不包括台湾），占全国稻作总面积的16.61%。稻谷单产5 778.7kg/hm²，低于全国平均产量（6 813.2kg/hm²）。

二、华中华东稻区

本区为中国水稻的主产区，包括江苏、上海、浙江、安徽、江西、湖南、湖北7省（直辖市），也称长江中下游稻作区。本区属亚热带温暖湿润季风气候，稻作生长季210～260d，≥10℃的积温4 500～6 500℃；稻作生长季日照时数700～1 500h，降水量700～1 600mm。本区平原地区稻作土壤多为冲积土、沉积土和鳝血土，丘陵山地多为红壤、黄壤和棕壤。本区双、单季稻并存，籼稻、粳稻均有。20世纪60～80年代，本区双季稻面积占全国双季稻面积的50%以上，其中，浙江、江西、湖南的双季稻面积占该三省稻作面积的80%～90%。20世纪80年代中期以来，由于种植结构和耕作制度的变革，杂交稻的兴起，以及双季早稻米质不佳等原因，双季早稻面积锐减，使本区的稻作面积从80年代初占全国稻作面积的54%下降到目前的49%左右。尽管如此，本区稻米生产的丰歉，对全国粮食形势仍然具有重要影响。太湖平原、里下河平原、皖中平原、鄱阳湖平原、洞庭湖平原、江汉平原历来都是中国著名的稻米产区。

2014年本区稻作面积1 501.6万hm²，占全国稻作总面积的49.54%。稻谷单产6 905.6kg/hm²，高于全国平均产量。

三、西南稻区

本区位于云贵高原和青藏高原，属亚热带高原型湿热季风气候，包括云南、贵州、四川、重庆、青海、西藏6省（自治区、直辖市）。本区具有地势高低悬殊、温度垂直差异明显、昼夜温差大的高原特点，稻作生长季180～260d，≥10℃的积温2 900～8 000℃；稻作生长季日照时数800～1 500h，降水量500～1 400mm。稻作土壤多为红壤、红棕壤、黄壤和黄棕壤等。本区籼稻、粳稻并存，以单季中稻为主，成都平原是我国著名的单季中稻区。云贵高原稻作垂直分布明显，低海拔（<1 400m）稻区多为籼稻，湿热坝区可种植双季籼稻，高海拔（>1 800m）稻区多为粳稻，中海拔（1 400～1 800m）稻区籼稻、粳稻并存。部分山区种植陆稻，部分低海拔又无灌溉水源的坡地筑有田埂，种植雨水稻。

2014年本区稻作面积450.9万hm²，占全国稻作总面积的14.88%。稻谷单产6 873.4kg/hm²，高于全国平均产量。

四、华北稻区

本区位于秦岭—淮河以北，长城以南，关中平原以东地区，包括北京、天津、山东、河北、河南、山西、内蒙古7省（自治区、直辖市）。本区属暖温带半湿润季风气候，夏季温度较高，但春、秋季温度较低，稻作生长季较短，无霜期170～200d，年≥10℃的积温4 000～5 000℃；年日照时数2 000～3 000h，年降水量580～1 000mm，但季节间分布不均。稻作土壤多为黄潮土、盐碱土、棕壤和黑黏土。本区以单季早、中粳稻为主，水源主要来自渠井和地下水。

2014年本区稻作面积95.3万hm²，占全国稻作总面积的3.14%。稻谷单产7 863.9kg/hm²，高于全国平均产量。

五、东北稻区

本区是我国纬度最高的稻作区，包括黑龙江、吉林和辽宁3省，属中温带—寒温带，年平均气温 2 ~ 10℃，无霜期 90 ~ 200d，年 ≥ 10℃ 的积温 2 000 ~ 3 700℃；年日照时数 2 200 ~ 3 100h，年降水量 350 ~ 1 100mm。本区光照充足，但昼夜温差大，稻作生长期短，土壤多为肥沃、深厚的黑泥土、草甸土、棕壤以及盐碱土。稻作以早熟的单季粳稻为主，冷害和稻瘟病是本区稻作的主要问题。最北部的黑龙江省稻区，粳稻品质十分优良，近35年来由于大力发展灌溉设施，稻作面积不断扩大，从1979年的84.2万 hm² 发展到2014年的320.5万 hm²，成为中国粳稻的主产省之一。

2014年本区稻作面积451.5万 hm²，占全国稻作总面积的14.90%。稻谷单产 7 863.9kg/hm²，高于全国平均产量。

六、西北稻区

本区包括陕西、甘肃、宁夏和新疆4省（自治区），幅员广阔，光热资源丰富，但干燥少雨，季节和昼夜气温变化大，无霜期 150 ~ 200d，年 ≥ 10℃ 的积温 3 450 ~ 3 700℃；年日照时数 2 600 ~ 3 300h，年降水量 150 ~ 200mm。稻田土壤较瘠薄，多为灰漠土、草甸土、粉沙土、灌淤土及盐碱土。稻作以单季粳稻为主，分布于河流两岸及有灌溉水源的地区。干燥少雨是本区发展水稻的制约因素。

2014年本区稻作面积28.2万 hm²，占全国稻作总面积的0.93%。稻谷单产 8 251.4kg/hm²，高于全国平均产量。

中华人民共和国成立65年来，六大稻区的水稻种植面积及占全国稻作面积的比例发生了一定变化。华南稻区的稻作面积波动较大，从1949年的811.7万 hm²，增加到1979年的875.3万 hm²，但2014年下降到503.6万 hm²。华中华东区是我国的主产稻区，基本维持在全国稻区面积的50%左右，其种植面积的高峰在20世纪的 70 ~ 80 年代，达到全国稻区面积的53% ~ 54%。西南和西北稻区稻作面积基本保持稳定，近35年来分别占全国稻区面积的14.9%和0.9%左右。华北和东北稻区种植面积和占比均有提高，特别是东北稻区，其稻作面积和占比近35年来提高较快，2014年达到了451.5万 hm²，全国占比达到14.9%，与1979年的84.2万 hm² 相比，种植面积增加了367.3万 hm²。我国六大稻区2014年的稻作面积和占比见图1-1。

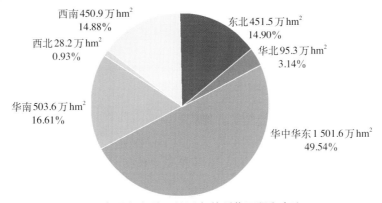

图1-1 中国六大稻区2014年的稻作面积和占比

第二节　中国栽培稻的分类

中国栽培稻的分类比较复杂，丁颖教授将其系统分为四大类：籼亚种和粳亚种，早稻、中稻和晚稻，水稻和陆稻，粘稻和糯稻。随着杂种优势的利用，又增加了一类，为常规稻和杂交稻。本节将根据这五大类分别进行介绍。

一、籼稻和粳稻

中国栽培稻籼亚种（*O. sativa* L. subsp. *indica*）和粳亚种（*O. sativa* L. subsp. *japonica*）的染色体数同为24（$2n=24$），但由于起源演化的差异和人为选择的结果，这两个亚种存在一定的形态和生理特性差异，并有一定程度的生殖隔离。据《辞海》（1989年版）记载，籼稻与粳稻比较：籼稻分蘖力较强；叶幅宽，叶色淡绿，叶面多毛；小穗多数短芒或无芒，易脱粒，颖果狭长扁圆；米质黏性较弱，膨性大；比较耐热和耐强光，主要分布于华南热带和淮河以南亚热带的低地。

按照现代分类学的观点，粳稻又可分为温带粳稻和热带粳稻（爪哇稻）。中国传统（农家/地方）粳稻品种均属温带粳稻类型。近年有的育种家为扩大遗传背景，在育种亲本中加入了热带粳稻材料，因而育成的水稻品种含有部分热带粳稻（爪哇稻）的血缘。

籼稻、粳稻的分布，主要受温度的制约，还受到种植季节、日照条件和病虫害的影响。目前，中国的籼稻品种主要分布在华南和长江流域各省份，以及西南的低海拔地区和北方的河南、陕西南部。湖南、贵州、广东、广西、海南、福建、江西、四川、重庆的籼稻面积占各省稻作面积的90%以上，湖北、安徽占80%～90%，浙江、云南在50%左右，江苏在25%左右。粳稻主要分布在东北、华北、长江下游太湖地区和西北，以及华南、西南的高海拔山区。东北的黑龙江、吉林、辽宁三省是全国著名的北方粳稻产区，江苏、浙江、安徽、湖北是南方粳稻主产区，云南的高海拔地区则以粳稻为主。

2014年，中国籼稻种植面积2 130.8万hm^2，约占稻作面积的70.3%；粳稻面积900.2万hm^2，占稻作面积的29.7%。据统计，2014年中国种植面积大于6 667hm^2的常规水稻品种有298个，其中籼稻品种104个，占34.9%；粳稻品种194个，占65.1%；2014年种植面积最大的前5位常规粳稻品种是：龙粳31（92.2万hm^2）、宁粳4号（35.8万hm^2）、绥粳14（29.1万hm^2）、龙粳26（28.1万hm^2）和连粳7号（22.0万hm^2）；种植面积最大的前5位常规籼稻品种是：中嘉早17（61.1万hm^2）、黄华占（30.6万hm^2）、湘早籼45（17.8万hm^2）、中早39（16.3万hm^2）和玉针香（11.2万hm^2）。

二、常规稻和杂交稻

常规稻是遗传纯合、可自交结实、性状稳定的水稻品种类型，杂交稻是利用杂种一代优势、目前必须年年制种的杂交水稻类型。中国是世界上第一个大面积、商品化应用杂交稻的国家，20世纪70年代后期开始大规模推广三系杂交稻，90年代初成功选育出两系杂交稻并应用于生产。目前，常规稻种植面积占全国稻作面积的46%左右，杂交稻占54%左右。

1991年我国年种植面积大于6 667hm²的常规稻品种有193个，2014年增加到298个（图1-2）；杂交稻品种数从1991年的62个增加到2014年的571个。1991年以来，年种植面积大于6 667hm²的常规稻品种数每年较为稳定，基本为200～300个品种，但杂交稻品种数增加较快，增加了8倍多。

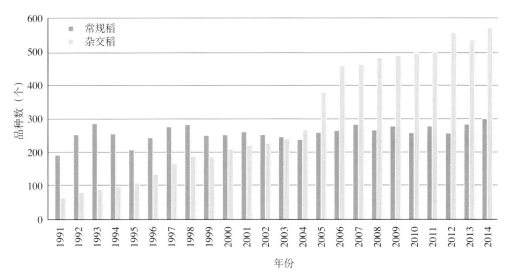

图1-2　1991—2014年年种植面积大于6 667hm²的常规稻和杂交稻品种数

三、早稻、中稻和晚稻

在稻种向不同纬度、不同海拔高度传播的过程中，在日照和温度的强烈影响下，在自然选择和人为选择的综合作用下，栽培稻发生了一系列感光性和感温性的变异，出现了早稻、中稻和晚稻栽培类型。一般而言，早稻基本营养生长期短，感温性强，不感光或感光性极弱；中稻基本营养生长期较长，感温性中等，感光性弱；晚稻基本营养生长期短，感光性强，感温性中等或较强，但通常晚籼稻的感光性强于晚粳稻。

籼稻和粳稻、杂交稻和常规稻都有早、中、晚类型，每一类型根据生育期的长短有早熟、中熟和迟熟之分，从而形成了大量适应不同栽培季节、耕作制度和生育期要求的品种。在华南、华中的双季稻区，早籼和早粳品种对日长反应不敏感，生育期较短，一般3～4月播种，7～8月收获。在海南和广东南部，由于温度较高，早籼稻通常2月中、下旬播种，6月下旬收获。中稻一般作单季稻种植，生育期稳定，产量较高，华南稻区部分迟熟早籼稻品种在华中和华东地区可作中稻种植。晚籼稻和晚粳稻均可作双季晚稻和单季晚稻种植，以保证在秋季气温下降前抽穗授粉。

20世纪70年代后期以来，由于杂交水稻的兴起，种植结构的变化，中国早稻和晚稻的种植面积逐年减少，单季中稻的种植面积大幅增加。早、中、晚稻种植面积占全国稻作面积的比重，分别从1979年的33.7％、32.0％和34.3％，转变为1999年的24.2％、48.9％和26.9％，2014年进一步变化为19.1％、59.9％和21.0％（图1-3）。

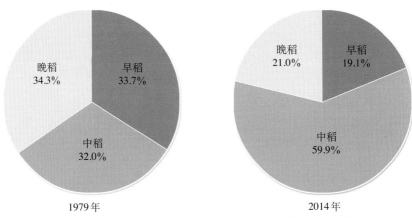

图1-3　1979年和2014年全国早、中、晚稻种植面积比例

四、水稻和陆稻

中国的栽培稻极大部分是水稻，占中国稻作面积的98%。陆稻（Upland rice）亦称旱稻，古代称棱稻，是适应较少水分环境（坡地、旱地）的一类稻作生态品种。陆稻的显著特点是耐干旱，表现为种子吸水力强，发芽快，幼苗对土壤中氯酸钾的耐毒力较强；根系发达，根粗而长；维管束和导管较粗，叶表皮较厚，气孔少，叶较光滑有蜡质；根细胞的渗透压和茎叶组织的汁液浓度也较高。与水稻比较，陆稻吸水力较强而蒸腾量较小，故有较强的耐旱能力。通常陆稻依靠雨水或地下水获得水分，稻田无田埂。虽然陆稻的生长发育对光、温要求与水稻相似，但一生需水量约是水稻的2/3或1/2。因而，陆稻适于水源不足或水源不均衡的稻区、多雨的山区和丘陵区的坡地或台田种植，还可与多种旱作物间作或套种。从目前的地理环境和种植水平看，陆稻的单产低于水稻。

陆稻也有籼稻、粳稻之别和生育期长短之分。全国陆稻面积约57万hm²，仅占全国稻作总面积的2%左右，主要分布于云贵高原的西南山区、长江中游丘陵地区和华北平原区。云南西双版纳和思茅等地每年陆稻种植面积稳定在10万hm²左右。近年，华北地区正在发展一种旱作稻（Aerobic rice），耐旱性较强，在整个生育期灌溉几次即可，产量较高。此外，广东、广西、海南等地的低洼地区，在20世纪50年代前曾有少量深水稻品种，中华人民共和国成立后，随着水利排灌设施的完善，现已绝迹。目前，种植面积较大的陆稻品种有中旱209、旱稻277、巴西陆稻、中旱3号、陆引46、丹旱稻1号、冀粳12、IRAT104等。

五、粘稻和糯稻

稻谷胚乳均有糯性与非糯性之分。糯稻和非糯稻的主要区别在于饭粒黏性的强弱，相对而言，粘稻（非糯稻）黏性弱，糯稻黏性强，其中粳糯稻的黏性大于籼糯稻。化学成分的分析指出，胚乳直链淀粉含量的多少是区别粘稻和糯稻的化学基础。通常，粳粘稻的直链淀粉含量占淀粉总量的8%～20%，籼粘稻为10%～30%，而糯稻胚乳基本为支链淀粉，不含或仅含极少量直链淀粉（≤2%）。从化学反应看，由于糯稻胚乳和花粉中的淀粉基本或完全为支链淀粉，因此吸碘量少，遇1%的碘-碘化钾溶液呈红褐色反应，而粘稻直链淀粉含量高，吸碘量大，呈蓝紫色反应，这是区分糯稻与非糯稻品种的主要方法之一。从外观看，糯稻胚乳在刚收获时因含水量较高而呈半透明，经充分干燥后呈乳白色，这是因为胚乳细胞快速失水，产生许多大小不一的空隙，导致光散射而引起的乳白色视觉。

云南、贵州、广西等省（自治区）的高海拔地区，人们喜食糯米，籼型糯稻品种丰富，而长江中下游地区以粳型糯稻品种居多，东北和华北地区则全部是粳型糯稻。从用途看，糯米通常用于酿制米酒，制作糕点。在云南的低海拔稻区，有一种低直链淀粉含量的籼粘稻，称为软米，其黏性介于籼粘稻和糯稻之间，适于制作饵块、米线。

第三节　水稻遗传资源

水稻育种的发展历程证明，品种改良每一阶段的重大突破均与水稻优异种质的发现和利用相关。20世纪50年代末，矮仔占、矮脚南特、台中本地1号（TN1，亦称台中在来1号）和广场矮等矮秆种质的发掘与利用，实现了60年代我国水稻品种的矮秆化；70～80年代野败型、矮败型、冈型、印水型、红莲型等不育资源的发现及二九南1号A、珍汕97A等水稻野败型不育系育成，实现了籼型杂交稻的"三系"配套和大面积推广利用；80年代农垦58S、安农S-1等光温敏核不育材料的发掘与利用，实现了"两系"杂交水稻的突破；90年代02428、培矮64、轮回422等广亲和种质的发掘与利用，基本克服了籼粳稻杂交的瓶颈；80～90年代沈农89366、沈农159、辽粳5号等新株型优异种质的创新与利用，实现了北方粳稻直立穗型与高产的结合，使北方粳稻产量有了较大的提高；90年代以来光温敏不育系培矮64S、Y58S、株1S以及中9A、甬粳2号A和恢复系9311、蜀恢527等的创新与利用，选育出一系列高产、优质的超级杂交稻品种。可见，水稻优异种质资源的收集、评价、创新和利用是水稻品种遗传改良的重要环节和基础。

一、栽培稻种质资源

中国具有丰富的多样化的水稻遗传资源。清代的《授时通考》（1742）记载了全国16省的3 429个水稻品种，它们是长期自然突变、人工选择和留种栽培的结果。中华人民共和国成立以来，全国进行了4次大规模的稻种资源考察和收集。20世纪50年代后期到60年代在广东、湖南、湖北、江苏、浙江、四川等14省（自治区、直辖市）进行了第一次全国性的水稻种质资源的考察，征集到各类水稻种质5.7万余份。70年代末至80年代初，进行了全国水稻种质资源的补充考察和征集，获得各类水稻种质万余份。国家"七五"（1986—1990）、"八五"（1991—1995）和"九五"（1996—2000）科技攻关期间，分别对神农架和三峡地区以及海南、湖北、四川、陕西、贵州、广西、云南、江西和广东等省（自治区）的部分地区再度进行了补充考察和收集，获得稻种3 500余份。"十五"（2001—2005）和"十一五"（2006—2010）期间，又收集到水稻种质6 996份。

通过对收集到的水稻种质进行整理、核对与编目，截至2010年，中国共编目水稻种质82 386份，其中70 669份是从中国国内收集的种质，占编目总数的85.8%（表1-1）。在此基础上，编辑和出版了《中国稻种资源目录》（8册）、《中国优异稻种资源》，编目内容包括基本信息、形态特征、生物学特性、品质特性、抗逆性、抗病虫性等。

截至2010年，在国家作物种质库［简称国家长期库（北京）］繁种保存的水稻种质资源共73 924份，其中各类型种质所占百分比大小顺序为：地方稻种（68.1%）＞国外引进稻种（13.9%）＞野生稻种（8.0%）＞选育稻种（7.8%）＞杂交稻"三系"资源（1.9%）＞遗传材料（0.3%）（表1-1）。在所保存的水稻地方品种中，保存数量较多的省份包括广西（8 537份）、云南（5 882份）、贵州（5 657份）、广东（5 512份）、湖南（4 789份）、四川（3 964份）、江西（2 974份）、江苏（2 801份）、浙江（2 079份）、福建（1 890份）、湖北（1 467份）和台湾（1 303份）。此外，在中国水稻研究所的国家水稻中期库（杭州）保存了稻属及近缘属种质资源7万余份，是我国单项作物保存规模最大的中期种质库，也是世界上最大的单项国家级水稻种质基因库之一。在入国家长期库（北京）的66 408份地方稻种、选育稻种、国外引进稻种等水稻种质中，籼稻和粳稻种质分别占63.3%和36.7%，水稻和陆稻种质分别占93.4%和6.6%，粘稻和糯稻种质分别占83.4%和16.6%。显然，籼稻、水稻和粘稻的种质数量分别显著多于粳稻、陆稻和糯稻。

表1-1　中国稻种资源的编目数和入库数

种质类型	编　目		繁殖入库	
	份数	占比（%）	份数	占比（%）
地方稻种	54 282	65.9	50 371	68.1
选育稻种	6 660	8.1	5 783	7.8
国外引进稻种	11 717	14.2	10 254	13.9
杂交稻"三系"资源	1 938	2.3	1 374	1.9
野生稻种	7 663	9.3	5 938	8.0
遗传材料	126	0.2	204	0.3
合计	82 386	100	73 924	100

截至2010年，完成了29 948份水稻种质资源的抗逆性鉴定，占入库种质的40.5%；完成了61 462份水稻种质资源的抗病虫性鉴定，占入库种质的83.1%；完成了34 652份水稻种质资源的品质特性鉴定，占入库种质的46.9%。种质评价表明：中国水稻种质资源中蕴藏着丰富的抗旱、耐盐、耐冷、抗白叶枯病、抗稻瘟病、抗纹枯病、抗褐飞虱、抗白背飞虱等优异种质（表1-2）。

表1-2　中国稻种资源中鉴定出的抗逆性和抗病虫性优异的种质份数

种质类型	抗旱		耐盐		耐冷		抗白叶枯病	
	极强	强	极强	强	极强	强	高抗	抗
地方稻种	132	493	17	40	142	—	12	165
国外引进稻种	3	152	22	11	7	30	3	39
选育稻种	2	65	2	11	—	50	6	67

(续)

种质类型	抗稻瘟病			抗纹枯病		抗褐飞虱			抗白背飞虱		
	免疫	高抗	抗	高抗	抗	免疫	高抗	抗	免疫	高抗	抗
地方稻种	—	816	1 380	0	11	—	111	324	—	122	329
国外引进稻种	—	5	148	5	14	—	0	218	—	1	127
选育稻种	—	63	145	3	7	—	24	205	—	13	32

注：数据来自2005年国家种质数据库。

2001—2010年，结合水稻优异种质资源的繁殖更新、精准鉴定与田间展示、网上公布等途径，国家粮食作物种质中期库［简称国家中期库（北京）］和国家水稻种质中期库（杭州）共向全国从事水稻育种、遗传及生理生化、基因定位、遗传多样性和水稻进化等研究的300余个科研及教学单位提供水稻种质资源47 849份次，其中国家中期库（北京）提供26 608份次，国家水稻种质中期库（杭州）提供21 241份次，平均每年提供4 785份次。稻种资源在全国范围的交换、评价和利用，大大促进了水稻育种及其相关基础理论研究的发展。

二、野生稻种质资源

野生稻是重要的水稻种质资源，在中国的水稻遗传改良中发挥了极其重要的作用。从海南岛普通野生稻中发现的细胞质雄性不育株，奠定了我国杂交水稻大面积推广应用的基础。从江西发现的矮败野生稻不育株中选育而成的协青早A和从海南发现的红芒野生稻不育株育成的红莲早A，是我国两个重要的不育系类型，先后转育了一大批杂交水稻品种。利用从广西普通野生稻中发现的高抗白叶枯病基因 *Xa23*，转育成功了一系列高产、抗白叶枯病的栽培品种。从江西东乡野生稻中发现的耐冷材料，已经并继续在耐冷育种中发挥重要作用。

据1978—1982年全国野生稻资源普查、考察和收集的结果，参考1963年中国农业科学院原生态研究室的考察记录，以及历史上台湾发现野生稻的记载，现已明确，中国有3种野生稻：普通野生稻（*O. rufipogon* Griff.）、疣粒野生稻（*O. meyeriana* Baill.）和药用野生稻（*O. officinalis* Wall. ex Watt），分布于广东、海南、广西、云南、江西、福建、湖南、台湾等8个省（自治区）的143个县（市），其中广东53个县（市）、广西47个县（市）、云南19个县（市）、海南18个县（市）、湖南和台湾各2个县、江西和福建各1个县。

普通野生稻自然分布于广东、广西、海南、云南、江西、湖南、福建、台湾等8个省（自治区）的113个县（市），是我国野生稻分布最广、面积最大、资源最丰富的一种。普通野生稻大致可分为5个自然分布区：①海南岛区。该区气候炎热，雨量充沛，无霜期长，极有利于普通野生稻的生长与繁衍。海南省18个县（市）中就有14个县（市）分布有普通野生稻，而且密度较大。②两广大陆区。包括广东、广西和湖南的江永县及福建的漳浦县，为普通野生稻的主要分布区，主要集中分布于珠江水系的西江、北江和东江流域，特别是北回归线以南及广东、广西沿海地区分布最多。③云南区。据考察，在西双版纳傣族自治州的景洪镇、勐罕坝、大勐龙坝等地共发现26个分布点，后又在景洪和元江发现2个普通野生稻分布点，这两个县普通野生稻呈零星分布，覆盖面积小。历年发现的分布点都集中在流沙河和澜沧江流域，这两条河向南流入东南亚，注入南海。④湘赣区。包括湖南茶陵县及江西东乡县的普通野生稻。东乡县的普通野生稻分布于北纬28°14′，是目前中国乃至全球普通野生稻分布的最北限。⑤台湾区。20世纪50年代在桃园、新竹两县发现过普通野生稻，但目前已消失。

药用野生稻分布于广东、海南、广西、云南4省（自治区）的38个县（市），可分为3个自然分布区：①海南岛区。主要分布在黎母山一带，集中分布在三亚市及陵水、保亭、乐东、白沙、屯昌5县。②两广大陆区。为主要分布区，共包括27个县（市），集中于桂东中南部，包括梧州、苍梧、岑溪、玉林、容县、贵港、武宣、横县、邕宁、灵山等县（市），以及广东省的封开、郁南、德庆、罗定、英德等县（市）。③云南区。主要分布于临沧地区的耿马、永德县及普洱市。

疣粒野生稻主要分布于海南、云南与台湾三省（台湾的疣粒野生稻于1978年消失）的27个县（市），海南省仅分布于中南部的9个县（市），尖峰岭至雅加大山、鹦哥岭至黎母山、大本山至五指山、吊罗山至七指岭的许多分支山脉均有分布，常常生长在背北向南的山坡上。云南省有18个县（市）存在疣粒野生稻，集中分布于哀牢山脉以西的滇西南，东至绿春、元江，而以澜沧江、怒江、红河、李仙江、南汀河等河流下游地区为主要分布区。台湾在历史上曾发现新竹县有疣粒野生稻分布，目前情况不明。

自2002年开始，中国农业科学院作物科学研究所组织江西、湖南、云南、海南、福建、广东和广西等省（自治区）的相关单位对我国野生稻资源状况进行再次全面调查和收集，至2013年底，已完成除广东省以外的所有已记载野生稻分布点的调查和部分生态环境相似地区的调查。调查结果表明，与1980年相比，江西、湖南、福建的野生稻分布点没有变化，但分布面积有所减少；海南发现现存的野生稻居群总数达154个，其中普通野生稻136个，疣粒野生稻11个，药用野生稻7个；广西原有的1 342个分布点中还有325个存在野生稻，且新发现野生稻分布点29个，其中普通野生稻13个，药用野生稻16个；云南在调查的98个野生稻分布点中，26个普通野生稻分布点仅剩1个，11个药用野生稻分布点仅剩2个，61个疣粒野生稻分布点还剩25个。除了已记载的分布点，还发现了1个普通野生稻和10个疣粒野生稻新分布点。值得注意的是，从目前对现存野生稻的调查情况看，与1980年相比，我国70%以上的普通野生稻分布点、50%以上的药用野生稻分布点和30%疣粒野生稻分布点已经消失，濒危状况十分严重。

2010年，国家长期库（北京）保存野生稻种质资源5 896份，其中国内普通野生稻种质资源4 602份，药用野生稻880份，疣粒野生稻29份，国外野生稻385份；进入国家中期库（北京）保存的野生稻种质资源3 200份。考虑到种茎保存能较好地保持野生稻原有的种性，为了保持野生稻的遗传稳定性，现已在广东省农业科学院水稻研究所（广州）和广西农业科学院作物品种资源研究所（南宁）建立了2个国家野生稻种质资源圃，收集野生稻种茎入圃保存，至2013年已入圃保存的野生稻种茎10 747份，其中广州圃保存5 037份，南宁圃保存5 710份。此外，新收集的12 800份野生稻种质资源尚未入编国家长期库（北京）或国家野生稻种质圃长期保存，临时保存于各省（自治区）临时圃或大田中。

近年来，对中国收集保存的野生稻种质资源开展了较为系统的抗病虫鉴定，至2013年底，共鉴定出抗白叶枯病种质资源130多份，抗稻瘟病种质资源200余份，抗纹枯病种质资源10份，抗褐飞虱种质资源200多份，抗白背飞虱种质资源180多份。但受试验条件限制，目前野生稻种质资源抗旱、耐寒、抗盐碱等的鉴定较少。

第四节　栽培稻品种的遗传改良

中华人民共和国成立以来，水稻品种的遗传改良获得了巨大成就，纯系选择育种、杂交育种、诱变育种、杂种优势利用、组织培养（花粉、花药、细胞）育种、分子标记辅助育种等先后成为卓有成效的育种方法。65年来，全国共育成并通过国家、省（自治区、直辖市）、地区（市）农作物品种审定委员会审定（认定）的常规和杂交水稻品种共8 117份，其中1991—2014年，每年种植面积大于6 667hm^{2}的品种已从1991年的255个增加到2014年的869个（图1-4）。20世纪50年代后期至70年代的矮化育种、70～90年代的杂交水稻育种，以及近20年的超级稻育种，在我国乃至世界水稻育种史上具有里程碑意义。

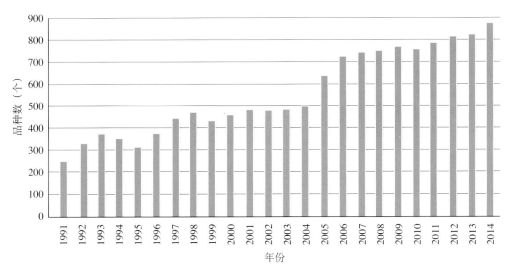

图1-4　1991—2014年年种植面积在6 667hm^{2}以上的品种数

一、常规品种的遗传改良

（一）地方农家品种改良（20世纪50年代）

20世纪50年代初期，全国以种植数以万计的高秆农家品种为主，以高秆（>150cm）、易倒伏为品种主要特征，主要品种有夏至白、马房籼、红脚早、湖北早、黑谷子、竹桠谷、油占子、西瓜红、老来青、霜降青、有芒早粳等。50年代中期，主要采用系统选择法对地方农家品种的某些农艺性状进行改良以提高防倒伏能力，增加产量，育成了一批改良农家品种。在全国范围内，早籼确定38个、中籼确定20个、晚粳确定41个改良农家品种予以大面积推广，连续多年种植面积较大的品种有早籼：南特号、雷火占；中籼：胜利籼、乌嘴川、长粒籼、万利籼；晚籼：红米冬占、浙场9号、粤油占、黄禾子；早粳：有芒早粳；中粳：桂花球、洋早十日、石稻；晚粳：新太湖青、猪毛簇、红须粳、四上裕等。与此同时，通过简单杂交和系统选育，育成了一批高秆改良品种。改良农家品种和新育成的高秆改良品种的产量一般为2 500 ～ 3 000kg/hm²，比地方高秆农家品种的产量高5% ～ 15%。

（二）矮化育种（20世纪50年代后期至70年代）

20世纪50年代后期，育种家先后发现籼稻品种矮仔占、矮脚南特和低脚乌尖，以及粳稻品种农垦58等，具有优良的矮秆特性：秆矮（<100cm），分蘖强，耐肥，抗倒伏，产量高。研究发现，这4个品种都具有半矮秆基因Sd1。矮仔占来自南洋，20世纪前期引入广西，是我国20世纪50年代后期至60年代前期种植的最主要的矮秆品种之一，也是60 ～ 90年代矮化育种最重要的矮源亲本之一。矮脚南特是广东农民由高秆品种南特16的矮秆变异株选得。低脚乌尖是我国台湾省的农家品种，是国内外矮化育种最重要的矮源亲本之一。农垦58则是50年代后期从日本引进的粳稻品种。

可利用的Sd1矮源发现后，立即开始了大规模的水稻矮化育种。如华南农业科学研究所从矮仔占中选育出矮仔占4号，随后以矮仔占4号与高秆品种广场13杂交育成矮秆品种广场矮。台湾台中农业改良场用矮秆的低脚乌尖与高秆地方品种菜园种杂交育成矮秆的台中本地1号（TN1）。南特号是双季早籼品种极其重要的育种亲源，以南特号为基础，衍生了大量品种，包括矮脚南特（南特号→南特16→矮脚南特）、广场13、莲塘早和陆财号等4个重要骨干品种。农垦58则迅速成为长江中下游地区中粳、晚粳稻的育种骨干亲本。广场矮、矮脚南特、台中本地1号和农垦58这4个具有划时代意义的矮秆品种的育成、引进和推广，标志中国步入了大规模的卓有成效的籼、粳稻矮化育种，成为水稻矮化育种的里程碑。

从20世纪60年代初期开始，全国主要稻区的农家地方品种均被新育成的矮秆、半矮秆品种所替代。这些品种以矮秆（80 ～ 85cm）、半矮秆（86 ～ 105cm）、强分蘖、耐肥、抗倒伏为基本特征，产量比当地主要高秆农家品种提高15% ～ 30%。著名的籼稻矮秆品种有矮脚南特、珍珠矮、珍珠矮11、广场矮、广场13、莲塘早、陆财号等；著名的粳稻矮秆品种有农垦58、农垦57（从日本引进）、桂花黄（Balilla，从意大利引进）。60年代后期至70年代中期，年种植面积曾经超过30万hm²的籼稻品种有广陆矮4号、广选3号、二九青、广二104、原丰早、湘矮早9号、先锋1号、矮南早1号、圭陆矮8号、桂朝2号、桂朝13、南京1号、窄叶青8号、红410、成都矮8号、泸双1011、包选2号、包胎矮、团结1号、广二选二、广秋矮、二白矮1号、竹系26、青二矮等；年种植面积超过20万hm²的粳稻矮秆品种有农垦58、农垦57、农虎6号、吉粳60、武农早、沪选19、嘉湖4号、桂花糯、双糯4号等。

（三）优质多抗育种（20世纪80年代中期至90年代）

1978—1984年，由于杂交水稻的兴起和农村种植结构的变化，常规水稻的种植面积大大压缩，特别是常规早稻面积逐年减少，部分常规双季稻被杂交中籼稻和杂交晚籼稻取代。因此，常规品种的选育多以提高稻米产量和品质为主，主要的籼稻品种有广陆矮4号、二九青、先锋1号、原丰早、湘矮早9号、湘早籼13、红410、二九丰、浙733、浙辐802、湘早籼7号、嘉育948、舟903、广二104、桂朝2号、珍珠矮11、包选2号、国际稻8号（IR8）、南京11、754、团结1号、二白矮1号、窄叶青8号、粳籼89、湘晚籼11、双桂1号、桂朝13、七桂早25、鄂早6号、73-07、青秆黄、包选2号、754、汕二59、三二矮等；主要的粳稻品种有秋光、合江19、桂花黄、鄂晚5号、农虎6号、嘉湖4号、鄂宜105、秀水04、武育粳2号、秀水48、秀水11等。

自矮化育种以来，由于密植程度增加，病虫害逐渐加重。因此，90年代常规品种的选育重点在提高产量的同时，还须兼顾提高病虫抗性和改良品质，提高对非生物压力的耐性，因而育成的品种多数遗传背景较为复杂。突出的籼稻品种有早籼31、鄂早18、粤晶丝苗2号、嘉育948、籼小占、粤香占、特籼占25、中鉴100、赣晚籼30、湘晚籼13等；重要的粳稻品种有空育131、辽粳294、龙粳14、龙粳20、吉粳88、垦稻12、松粳6号、宁粳16、垦稻8号、合江19、武育粳3号、武育粳5号、早丰9号、武运粳7号、秀水63、秀水110、秀水128、嘉花1号、甬粳18、豫粳6号、徐稻3号、徐稻4号、武香粳14等。

1978—2014年，最大年种植面积超过40万hm²的常规稻品种共23个，这些都是高产品种，产量高，适应性广，抗病虫力强（表1-3）。

表1-3　1978—2014年最大年种植面积超过40万hm²的常规水稻品种

品种名称	品种类型	亲本/血缘	最大年种植面积（万hm²）	累计种植面积（万hm²）
广陆矮4号	早籼	广场矮3784/陆财号	495.3（1978）	1 879.2（1978—1992）
二九青	早籼	二九矮7号/青小金早	96.9（1978）	542.0（1978—1995）
先锋1号	早籼	广场矮6号/陆财号	97.1（1978）	492.5（1978—1990）
原丰早	早籼	IR8种子^{60}Co辐照	105.0（1980）	436.7（1980—1990）
湘矮早9号	早籼	IR8/湘矮早4号	121.3（1980）	431.8（1980—1989）
余赤231-8	晚籼	余晚6号/赤块矮3号	41.1（1982）	277.7（1981—1999）
桂朝13	早籼	桂阳矮49/朝阳早18，桂朝2号的姐妹系	68.1（1983）	241.8（1983—1990）
红410	早籼	珍龙410系选	55.7（1983）	209.3（1982—1990）
双桂1号	早籼	桂阳矮C17/桂朝2号	81.2（1985）	277.5（1982—1989）
二九丰	早籼	IR29/原丰早	66.5（1987）	256.5（1985—1994）
73-07	早籼	红梅早/7055	47.5（1988）	157.7（1985—1994）
浙辐802	早籼	四梅2号种子辐照	130.1（1990）	973.1（1983—2004）
中嘉早17	早籼	中选181/育嘉253	61.1（2014）	171.4（2010—2014）
珍珠矮11	中籼	矮仔占4号/惠阳珍珠早	204.9（1978）	568.2（1978—1996）
包选2号	中籼	包胎白系选	72.3（1979）	371.7（1979—1993）
桂朝2号	中籼	桂阳矮49/朝阳早18	208.8（1982）	721.2（1982—1995）
二白矮1号	晚籼	秋二矮/秋白矮	68.1（1979）	89.0（1979—1982）
龙粳25	早粳	佳禾早占/龙花97058	41.1（2011）	119.7（2010—2014）
空育131	早粳	道黄金/北明	86.7（2004）	938.5（1997—2014）
龙粳31	早粳	龙花96-1513/垦稻8号的F₁花药培养	112.8（2013）	256.9（2011—2014）
武育粳3号	中粳	中丹1号/79-51//中丹1号/扬粳1号	52.7（1997）	560.7（1992—2012）
秀水04	晚粳	C21///辐农709/辐农709/单209	41.4（1988）	166.9（1985—1993）
武运粳7号	晚粳	嘉40/香糯9121//丙815	61.4（1999）	332.3（1998—2014）

二、杂交水稻的兴起和遗传改良

20世纪70年代初，袁隆平等在海南三亚发现了含有胞质雄性不育基因*cms*的普通野生稻，这一发现对水稻杂种优势利用具有里程碑的意义。通过全国协作攻关，1973年实现不育系、保持系、恢复系三系配套，1976年中国开始大面积推广"三系"杂交水稻。1980年全国杂交水稻种植面积479万hm²，1990年达到1 665万hm²。70年代初期，中国最重要的不育系二九南1号A和珍汕97A，是来自携带*cms*基因的海南普通野生稻与中国矮秆品种二九南1号和珍汕97的连续回交后代；最重要的恢复系来自国际水稻研究所的IR24、IR661和IR26，它们配组的南优2号、南优3号和汕优6号成为20世纪70年代后期到80年代初期最重要的籼型杂交水稻品种。南优2号最大年（1978）种植面积298万hm²，1976—1986年累计种植面积666.7万hm²；汕优6号最大年（1984）种植面积173.9万hm²，1981—1994年累计种植面积超过1 000万hm²。

1973年10月，石明松在晚粳农垦58田间发现光敏雄性不育株，经过10多年的选育研究，1987年光敏核不育系农垦58S选育成功并正式命名，两系杂交水稻正式进入攻关阶段，两系杂交水稻优良品种两优培九通过江苏省（1999）和国家（2001）农作物品种审定委员会审定并大面积推广，2002年该品种年种植面积达到82.5万hm²。

20世纪80～90年代，针对第一代中国杂交水稻稻瘟病抗性差的突出问题，开展抗稻瘟病育种，育成明恢63、测64、桂33等抗稻瘟病性较强的恢复系，形成第二代杂交水稻汕优63、汕优64、汕优桂33等一批新品种，从而中国杂交水稻又蓬勃发展，80年代湖北出现6 666.67hm²汕优63产量超9 000kg/hm²的记录。著名的杂交水稻品种包括：汕优46、汕优63、汕优64、汕优桂99、威优6号、威优64、协优46、D优63、冈优22、Ⅱ优501、金优207、四优6号、博优64、秀优57等。中国三系杂交水稻最重要的强恢复系为IR24、IR26、明恢63、密阳46（Miyang 46）、桂99、CDR22、辐恢838、扬稻6号等。

1978—2014年，最大年种植面积超过40万hm²的杂交稻品种共32个，这些杂交稻品种产量高，抗病虫力强，适应性广，种植年限长，制种产量也高（表1-4）。

表1-4 1978—2014年最大年种植面积超过40万hm²的杂交稻品种

杂交稻品种	类型	配组亲本	恢复系中的国外亲本	最大年种植面积（万hm²）	累计种植面积（万hm²）
南优2号	三系，籼	二九南1号A/IR24	IR24	298.0（1978）	＞666.7（1976—1986）
威优2号	三系，籼	V20A/IR24	IR24	74.7（1981）	203.8（1981—1992）
汕优2号	三系，籼	珍汕97A/IR24	IR24	278.3（1984）	1 264.8（1981—1988）
汕优6号	三系，籼	珍汕97A/IR26	IR26	173.9（1984）	999.9（1981—1994）
威优6号	三系，籼	V20A/IR26	IR26	155.3（1986）	821.7（1981—1992）
汕优桂34	三系，籼	珍汕97A/桂34	IR24、IR30	44.5（1988）	155.6（1986—1993）
威优49	三系，籼	V20A/测64-49	IR9761-19	45.4（1988）	163.8（1986—1995）
D优63	三系，籼	D汕A/明恢63	IR30	111.4（1990）	637.2（1986—2001）

（续）

杂交稻品种	类型	配组亲本	恢复系中的国外亲本	最大年种植面积（万hm²）	累计种植面积（万hm²）
博优64	三系，籼	博A/测64-7	IR9761-19-1	67.1（1990）	334.7（1989—2002）
汕优63	三系，籼	珍汕97A/明恢63	IR30	681.3（1990）	6 288.7（1983—2009）
汕优64	三系，籼	珍汕97A/测64-7	IR9761-19-1	190.5（1990）	1 271.5（1984—2006）
威优64	三系，籼	V20A/测64-7	IR9761-19-1	135.1（1990）	1 175.1（1984—2006）
汕优桂33	三系，籼	珍汕97A/桂33	IR24、IR36	76.7（1990）	466.9（1984—2001）
汕优桂99	三系，籼	珍汕97A/桂99	IR661、IR2061	57.5（1992）	384.0（1990—2008）
冈优12	三系，籼	冈46A/明恢63	IR30	54.4（1994）	187.7（1993—2008）
威优46	三系，籼	V20A/密阳46	密阳46	51.7（1995）	411.4（1990—2008）
汕优46*	三系，籼	珍汕97A/密阳46	密阳46	45.5（1996）	340.3（1991—2007）
汕优多系1号	三系，籼	珍汕97A/多系1号	IR30、Tetep	68.7（1996）	301.7（1995—2004）
汕优77	三系，籼	珍汕97A/明恢77	IR30	43.1（1997）	256.1（1992—2007）
特优63	三系，籼	龙特甫A/明恢63	IR30	43.1（1997）	439.3（1984—2009）
冈优22	三系，籼	冈46A/CDR22	IR30、IR50	161.3（1998）	922.7（1994—2011）
协优63	三系，籼	协青早A/明恢63	IR30	43.2（1998）	362.8（1989—2008）
Ⅱ优501	三系，籼	Ⅱ-32A/明恢501	泰引1号、IR26、IR30	63.5（1999）	244.9（1995—2007）
Ⅱ优838	三系，籼	Ⅱ-32A/辐恢838	泰引1号、IR30	79.1（2000）	663.0（1995—2014）
金优桂99	三系，籼	金23A/桂99	IR661、IR2061	40.4（2001）	236.2（1994—2009）
冈优527	三系，籼	冈46A/蜀恢527	古154、IR24、IR1544-28-2-3	44.6（2002）	246.4（1999—2013）
冈优725	三系，籼	冈46A/绵恢725	泰引1号、IR30、IR26	64.2（2002）	469.4（1998—2014）
金优207	三系，籼	金23A/先恢207	IR56、IR9761-19-1	71.9（2004）	508.7（2000—2014）
金优402	三系，籼	金23A/R402	古154、IR24、IR30、IR1544-28-2-3	53.5（2006）	428.6（1996—2014）
培两优288	两系，籼	培矮64S/288	IR30、IR36、IR2588	39.9（2001）	101.4（1996—2006）
两优培九	两系，籼	培矮64S/扬稻6号	IR30、IR36、IR2588、BG90-2	82.5（2002）	634.9（1999—2014）
丰两优1号	两系，籼	广占63S/扬稻6号	IR30、R36、IR2588、BG90-2	40.0（2006）	270.1（2002—2014）

* 汕优10号与汕优46的父、母本和育种方法相同，前期称为汕优10号，后期统称汕优46。

三、超级稻育种

国际水稻研究所从1989年起开始实施理想株型（Ideal plant type，俗称超级稻）育种计划，试图利用热带粳稻新种质和理想株型作为突破口，通过杂交和系统选育及分子育种方法育成新株型品种［New plant type（NPT），超级稻］供南亚和东南亚稻区应用，设计产量希望比当地品种增产20%～30%。但由于产量、抗病虫力和稻米品质不理想等原因，迄今还无突出的品种在亚洲各国大面积应用。

为实现在矮化育种和杂交育种基础上的产量再次突破，农业部于1996年启动中国超级稻研究项目，要求育成高产、优质、多抗的常规和杂交水稻新品种。广义要求，超级稻的主要性状如产量、米质、抗性等均应显著超过现有主栽品种的水平；狭义要求，应育成在抗性和米质与对照品种相仿的基础上，产量有大幅度提高的新品种。在育种技术路线上，超级稻品种采用理想株型塑造与杂种优势利用相结合的途径，核心是种质资源的有效利用或有利多基因的聚合，育成单产大幅提高、品质优良、抗性较强的新型水稻品种（表1-5）。

表1-5 超级稻品种的主要指标

项　目	长江流域早熟早稻	长江流域中迟熟早稻	长江流域中熟晚稻、华南感光性晚稻	华南早晚兼用稻、长江流域迟熟晚稻、东北早熟粳稻	长江流域一季稻、东北中熟粳稻	长江上游迟熟一季稻、东北迟熟粳稻
生育期（d）	≤105	≤115	≤125	≤132	≤158	≤170
产量（kg/hm²）	≥8 250	≥9 000	≥9 900	≥10 800	≥11 700	≥12 750
品　质	北方粳稻达到部颁二级米以上（含）标准，南方晚籼稻达到部颁三级米以上（含）标准，南方早籼稻和一季稻达到部颁四级米以上（含）标准					
抗　性	抗当地1～2种主要病虫害					
生产应用面积	品种审定后2年内生产应用面积达到每年3 125hm²以上					

近年有的育种家提出"绿色超级稻"或"广义超级稻"的概念，其基本思路是将品种资源研究、基因组研究和分子技术育种紧密结合，加强水稻重要性状的生物学基础研究和基因发掘，全面提高水稻的综合性状，培育出抗病、抗虫、抗逆、营养高效、高产、优质的新品种。2000年超级杂交稻第一期攻关目标大面积如期实现产量10.5t/hm²，2004年第二期攻关目标大面积实现产量12.0t/hm²。

2006年，农业部进一步启动推进超级稻发展的"6236工程"，要求用6年的时间，培育并形成20个超级稻主导品种，年推广面积占全国水稻总面积的30%，即900万hm²，单产比目前主栽品种平均增产900kg/hm²，以全面带动我国水稻的生产水平。2011年，湖南隆回县种植的超级杂交水稻品种Y两优2号在7.5hm²的面积上平均产量13 899kg/hm²；2011年宁波农业科学院选育的籼粳型超级杂交晚稻品种甬优12单产14 147kg/hm²；2013年，湖南隆回县种植的超级杂交水稻Y两优900获得14 821kg/hm²的产量，宣告超级杂交水稻第三期攻关目标大面积产量13.5t/hm²的实现。据报道，2015年云南个旧市的"超级杂交水稻示范基地"百亩连片水稻攻关田，种植的超级稻品种超优千号，百亩片平均单产16 010kg/hm²；2016年山东临沂市莒南县大店镇的百亩片攻关基地种植的超级杂交稻超优千号，实测单产15 200kg/hm²，创造了杂交水稻高纬度单产的世界纪录，表明已稳定实现了超级杂交水稻第四期大面积产量潜力达到15t/hm²的攻关目标。

截至2014年，农业部确认了111个超级稻品种，分别是：

常规超级籼稻7个：中早39、中早35、金农丝苗、中嘉早17、合美占、玉香油占、桂农占。

常规超级粳稻28个：武运粳27、南粳44、南粳45、南粳49、南粳5055、淮稻9号、长白25、莲稻1号、龙粳39、龙粳31、松粳15、镇稻11、扬粳4227、宁粳4号、楚粳28、连粳7号、沈农265、沈农9816、武运粳24、扬粳4038、宁粳3号、龙粳21、千重浪、辽星1号、楚粳27、松粳9号、吉粳83、吉粳88。

籼型三系超级杂交稻46个：F优498、荣优225、内5优8015、盛泰优722、五丰优615、天优3618、天优华占、中9优8012、H优518、金优785、德香4103、Q优8号、宜优673、深优9516、03优66、特优582、五优308、五丰优T025、天优3301、珞优8号、荣优3号、金优458、国稻6号、赣鑫688、Ⅱ优航2号、天优122、一丰8号、金优527、D优202、Q优6号、国稻1号、国稻3号、中浙优1号、丰优299、金优299、Ⅱ优明86、Ⅱ优航1号、特优航1号、D优527、协优527、Ⅱ优162、Ⅱ优7号、Ⅱ优602、天优998、Ⅱ优084、Ⅱ优7954。

粳型三系超级杂交稻1个：辽优1052。

籼型两系超级杂交稻26个：两优616、两优6号、广两优272、C两优华占、两优038、Y两优5867、Y两优2号、Y两优087、准两优608、深两优5814、广两优香66、陵两优268、徽两优6号、桂两优2号、扬两优6号、陆两优819、丰两优香1号、新两优6380、丰两优4号、Y优1号、株两优819、两优287、培杂泰丰、新两优6号、两优培九、准两优527。

籼粳交超级杂交稻3个：甬优15、甬优12、甬优6号。

超级杂交水稻育种正在继续推进，面临的挑战还有很多。从遗传角度看，目前真正能用于超级稻育种的有利基因及连锁分子标记还不多，水稻基因研究成果还不足以全面支撑超级稻分子育种，目前的超级稻育种仍以常规杂交技术和资源的综合利用为主。因此，需要进一步发掘高产、优质、抗病虫、抗逆基因，改进育种方法，将常规育种技术与分子育种技术相结合起来，培育出广适性的可大幅度减少农用化学品（无机肥料、杀虫剂、杀菌剂、除草剂）而又高产优质的超级稻品种。

第五节　核心育种骨干亲本

分析65年来我国育成并通过国家或省级农作物品种审定委员会审（认）定的8 117份水稻、陆稻和杂交水稻现代品种，追溯这些品种的亲源，可以发现一批极其重要的核心育种骨干亲本，它们对水稻品种的遗传改良贡献巨大。但是由于种质资源的不断创新与交流，尤其是育种材料的交流和国外种质的引进，育种技术的多样化，有的品种含有多个亲本的血缘，使得现代育成品种的亲缘关系十分复杂。特别是有些品种的亲缘关系没有文字记录，或者仅以代号留存，难以查考。另外，籼、粳稻品种的杂交和选择，出现了大量含有籼、粳血缘的中间品种，难以绝对划分它们的籼、粳类别。毫无疑问，品种遗传背景的多样性对于克服品种遗传脆弱性，保障粮食生产安全性极为重要。

考虑到这些相互交错的情况，本节品种的亲源一般按不同亲本在品种中所占的重要性和比率确定，可能会出现前后交叉和上下代均含数个重要骨干亲本的情况。

一、常规籼稻

据不完全统计，我国常规籼稻最重要的核心育种骨干亲本有22个，衍生的大面积种植（年种植面积>6 667hm²）的品种数超过2 700个（表1-6）。其中，全国种植面积较大的常规籼稻品种是：浙辐802、桂朝2号、双桂1号、广陆矮4号、湘早籼45、中嘉早17等。

表1-6　籼稻核心育种骨干亲本及其主要衍生品种

品种名称	类型	衍生的品种数	主要衍生品种
矮仔占	早籼	>402	矮仔占4号、珍珠矮、浙辐802、广陆矮4号、桂朝2号、广场矮、二九青、特青、嘉育948、红410、泸红早1号、双桂36、湘早籼7号、广二104、珍汕97、七桂早25、特籼占13
南特号	早籼	>323	矮脚南特、广场13、莲塘早、陆财号、广场矮、广选3号、矮南早1号、广陆矮4号、先锋1号、青小金早、湘早籼3号、湘矮早3号、湘矮早7号、嘉育293、赣早籼26
珍汕97	早籼	>267	珍竹19、庆元2号、闽科早、珍汕97A、Ⅱ-32A、D汕A、博A、中A、29A、天丰A、枝A不育系及汕优63等大量杂交稻品种
矮脚南特	早籼	>184	矮南早1号、湘矮早7号、青小金早、广选3号、温选青
珍珠矮	早籼	>150	珍龙13、珍汕97、红梅早、红410、红突31、珍珠矮6号、珍珠矮11、7055、6044、赣早籼9号
湘早籼3号	早籼	>66	嘉育948、嘉育293、湘早籼10号、湘早籼13、湘早籼7号、中优早81、中86-44、赣早籼26
广场13	早籼	>59	湘早籼3号、中优早81、中86-44、嘉育293、嘉育948、早籼31、嘉兴香米、赣早籼26
红410	早籼	>43	红突31、8004、京红1号、赣早籼9号、湘早籼5号、舟优903、中优早3号、泸红早1号、辐8-1、佳禾早占、鄂早16、余红1号、湘晚籼9号、湘晚籼14
嘉育293	早籼	>25	嘉育948、中98-15、嘉兴香米、嘉早43、越糯2号、嘉育143、嘉早41、嘉早935、中嘉早17
浙辐802	早籼	>21	香早籼11、中516、浙9248、中组3号、皖稻45、鄂早10号、赣早籼50、金早47、赣早籼56、浙852、中选181
低脚乌尖	中籼	>251	台中本地1号（TN1）、IR8、IR24、IR26、IR29、IR30、IR36、IR661、原丰早、洞庭晚籼、二九丰、滇瑞306、中选8号
广场矮	中籼	>151	桂朝2号、双桂36、二九矮、广场矮5号、广场矮3784、湘矮早3号、先锋1号、泸南早1号
IR8	中籼	>120	IR24、IR26、原丰早、滇瑞306、洞庭晚籼、滇陇201、成矮597、科六早、滇屯502、滇瑞408
IR36	中籼	>108	赣早籼15、赣早籼37、赣早籼39、湘早籼3号
IR24	中籼	>79	四梅2号、浙辐802、浙852、中156，以及一批杂交稻恢复系和杂交稻品种南优2号、汕优2号
胜利籼	中籼	>76	广场13、南京1号、南京11、泸胜2号、广场矮系列品种
台中本地1号（TN1）	中籼	>38	IR8、IR26、IR30、BG90-2、原丰早、湘晚籼1号、滇瑞412、扬稻1号、扬稻3号、金陵57

（续）

品种名称	类型	衍生的品种数	主要衍生品种
特青	中晚籼	>107	特籼占13、特籼占25、盐稻5号、特三矮2号、鄂中4号、胜优2号、丰青矮、黄华占、茉莉新占、丰矮占1号、丰澳占，以及一批杂交稻恢复系镇恢084、蓉恢906、浙恢9516、广恢998
秋播了	晚籼	>60	516、澄秋5号、秋长3号、东秋播、白花
桂朝2号	中晚籼	>43	豫籼3号、镇籼96、扬稻5号、湘晚籼8号、七山占、七桂早25、双朝25、双桂36、早桂1号、陆青早1号、湘晚籼32
中山1号	晚籼	>30	包胎红、包胎白、包选2号、包胎矮、大灵矮、钢枝占
粳籼89	晚籼	>13	赣晚籼29、特籼占13、特籼占25、粤野软占、野黄占、粤野占26

矮仔占源自早期的南洋引进品种，后成为广西容县一带农家地方品种，携带 $sd1$ 矮秆基因，全生育期约140d，株高82cm左右，节密，耐肥，有效穗多，千粒重26g左右，单产4 500 ~ 6 000kg/hm^2，比一般高秆品种增产20% ~ 30%。1955年，华南农业科学研究所发现并引进矮仔占，经系选，于1956年育成矮仔占4号。采用矮仔占4号/广场13，1959年育成矮秆品种广场矮；采用矮仔占4号/惠阳珍珠早，1959年育成矮秆品种珍珠矮。广场矮和珍珠矮是矮仔占最重要的衍生品种，这2个品种不但推广面积大，而且衍生品种多，随后成为水稻矮化育种的重要骨干亲本，广场矮至少衍生了151个品种，珍珠矮至少衍生了150个品种。因此，矮仔占是我国20世纪50年代后期至60年代最重要的矮秆推广品种，也是60 ~ 80年代矮化育种最重要的矮源。至今，矮仔占至少衍生了402个品种，其中种植面积较大的衍生品种有广场矮、珍珠矮、广陆矮4号、二九青、先锋1号、特青、桂朝2号、双桂1号、湘早籼7号、嘉育948等。

南特号是20世纪40年代从江西农家品种鄱阳早的变异株中选得，50年代在我国南方稻区广泛作早稻种植。该品种株高100 ~ 130cm，根系发达，适应性广，全生育期105 ~ 115d，较耐肥，每穗约80粒，千粒重26 ~ 28g，单产3 750 ~ 4 500kg/hm^2，比一般高秆品种增产13% ~ 34%。南特号1956年种植面积达333.3万hm^2，1958—1962年，年种植积达到400万hm^{2}以上。南特号直接系选衍生出南特16、江南1224和陆财号。1956年，广东潮阳县农民从南特号发现矮秆变异株，经系选育成矮脚南特，具有早熟、秆矮、高产等优点，可比高秆品种增产20% ~ 30%。经分析，矮脚南特也含有矮秆基因 $sd1$，随后被迅速大面积推广并广泛用作矮化育种亲本。南特号是双季早籼品种极其重要的育种亲源，至少衍生了323个品种，其中种植面积较大的衍生品种有广场矮、广场13、矮南早1号、莲塘早、陆财号、广陆矮4号、先锋1号、青小金早、湘矮早2号、湘矮早7号、红410等。

低脚乌尖是我国台湾省的农家品种，携带 $sd1$ 矮秆基因，20世纪50年代后期因用低脚乌尖为亲本（低脚乌尖/菜园种）在台湾育成台中本地1号（TN1）。国际水稻研究所利用Peta/低脚乌尖育成著名的IR8品种并向东南亚各国推广，引发了亚洲水稻的绿色革命。祖国大陆育种家利用含有低脚乌尖血缘的台中本地1号、IR8、IR24和IR30作为杂交亲本，至少衍生了251个常规水稻品种，其中IR8（又称科六或691）衍生了120个品种，台中本地1号衍生了38个品种。利用IR8和台中本地1号而衍生的、种植面积较大的品种有原丰早、科梅、双科1号、湘矮早9号、二九丰、扬稻2号、泸红早1号等。利用含有低脚乌尖血缘的IR24、IR26、IR30等，又育成了大量杂交水稻恢复系，有的恢复系可直接作为常规品种种植。

早籼品种珍汕97对推动杂交水稻的发展作用特殊、贡献巨大。该品种是浙江省温州农业科学研究所用珍珠矮11/汕矮选4号于1968年育成，含有矮仔占血缘，株高83cm，全生育期约120d，分蘖力强，千粒重27g左右，单产约5 500kg/hm²。珍汕97除衍生了一批常规品种外，还被用于杂交稻不育系的选育。1973年，江西省萍乡市农业科学研究所以海南普通野生稻的野败材料为母本，用珍汕97为父本进行杂交并连续回交育成珍汕97A。该不育系早熟、配合力强，是我国使用范围最广、应用面积最大、时间最长、衍生品种最多的不育系。珍汕97A与不同恢复系配组，育成多种熟期类型的杂交水稻品种，如汕优6号、汕优46、汕优63、汕优64等供华南、长江流域作双季晚稻和单季中、晚稻大面积种植。以珍汕97A为母本直接配组的年种植面积超过6 667hm²的杂交水稻品种有92个，36年来（1978—2014年）累计推广面积超过14 450万hm²。

特青是广东省农业科学院用特矮/叶青伦于1984年育成的早、晚兼用的籼稻品种，茎秆粗壮，叶挺色浓，株叶形态好，耐肥，抗倒伏，抗白叶枯病，产量高，大田产量6 750～9 000kg/hm²。特青被广泛用于南方稻区早、中、晚籼稻的育种亲本，主要衍生品种有特籼占13、特籼占25、盐稻5号、特三矮2号、鄂中4号、胜优2号、黄华占、丰矮占1号、丰澳占等。

嘉育293（浙辐802/科庆47//二九丰///早丰6号/水原287////HA79317-7）是浙江省嘉兴市农业科学研究所育成的常规早籼品种。全生育期约112d，株高76.8cm，苗期抗寒性强，株型紧凑，叶片长而挺，茎秆粗壮，生长旺盛，耐肥，抗倒伏，后期青秆黄熟，产量高，适于浙江、江西、安徽（皖南）等省作早稻种植，1993—2012年累计种植面积超过110万hm²。嘉育293被广泛用于长江中下游稻区的早籼稻育种亲本，主要衍生品种有嘉育948、中98-15、嘉兴香米、嘉早43、越糯2号、嘉育143、嘉早41、嘉早935、中嘉早17等。

二、常规粳稻

我国常规粳稻最重要的核心育种骨干亲本有20个，衍生的种植面积较大（年种植面积＞6 667hm²）的品种数超过2 400个（表1-7）。其中，全国种植面积较大的常规粳稻品种有：空育131、武育粳2号、武育粳3号、武运粳7号、鄂宜105、合江19、宁粳4号、龙粳31、农虎6号、鄂晚5号、秀水11、秀水04等。

旭是日本品种，从日本早期品种日之出选出。对旭进行系统选育，育成了京都旭以及关东43、金南风、下北、十和田、日本晴等日本品种。至20世纪末，我国由旭衍生的粳稻品种超过149个。如利用旭及其衍生品种进行早粳育种，育成了辽丰2号、松辽4号、合江20、合江21、早丰、吉粳53、吉粳88、冀粳1号、五优稻1号、龙粳3号、东农416等；利用京都旭及其衍生品种农垦57（原名金南风）进行中、晚粳育种，育成了金垦18、南粳11、徐稻2号、镇稻4号、盐粳4号、扬粳186、盐粳6号、镇稻6号、淮稻6号、南粳37、阳光200、远杂101、鲁香粳2号等。

表1-7　常规粳稻最重要核心育种骨干亲本及其主要衍生品种

品种名称	类型	衍生的品种数	主要衍生品种
旭	早粳	>149	农垦57、辽丰2号、松辽4号、合江20、合江21、早丰、吉粳53、吉粳88、冀粳1号、五优稻1号、龙粳3号、东农416、吉粳60、东农416
笹锦	早粳	>147	丰锦、辽粳5号、龙粳1号、秋光、吉粳69、龙粳1号、龙粳4号、龙粳14、垦稻8号、藤系138、京稻2号、辽盐2号、长白8号、吉粳83、青系96、秋丰、吉粳66
坊主	早粳	>105	石狩白毛、合江3号、合江11、合江22、龙粳2号、龙粳14、垦稻3号、垦稻8号、长白5号
爱国	早粳	>101	丰锦、宁粳6号、宁粳7号、辽粳5号、中花8号、临稻3号、冀粳6号、砦1号、辽盐2号、沈农265、松粳10号、沈农189
龟之尾	早粳	>95	宁粳4号、九稻1号、东农4号、松辽5号、虾夷、松辽5号、九稻1号、辽粳152
石狩白毛	早粳	>88	大雪、滇榆1号、合江12、合江22、龙粳1号、龙粳2号、龙粳14、垦稻8号、垦稻10号
辽粳5号	早粳	>61	辽粳68、辽粳288、辽粳326、沈农159、沈农189、沈农265、沈农604、松粳3号、松粳10号、辽星1号、中辽9052
合江20	早粳	>41	合江23、吉粳62、松粳3号、松粳9号、五优稻1号、五优稻3号、松粳21、龙粳3号、龙粳13、绥粳1号
吉粳53	早粳	>27	长白9号、九稻11、双丰8号、吉粳60、新稻2号、东农416、吉粳70、九稻44、丰选2号
红旗12	早粳	>26	宁粳9号、宁粳11、宁粳19、宁粳23、宁粳28、宁稻216
农垦57	中粳	>116	金垦18、双丰4号、南粳11、南粳23、徐稻2号、镇稻4号、盐粳4号、扬粳201、扬粳186、盐粳6号、南粳36、镇稻6号、淮稻6号、扬粳9538、南粳37、阳光200、远杂101、鲁香粳2号
桂花黄	中粳	>97	南粳32、矮粳23、秀水115、徐稻2号、浙粳66、双糯4号、临稻10号、宁粳9号、宁粳23、镇稻2号
西南175	中粳	>42	云粳3号、云粳7号、云粳9号、云粳134、靖粳10号、靖粳16、京黄126、新城糯、楚粳5号、楚粳22、合系41、滇靖8号
武育粳3号	中粳	>22	淮稻5号、淮稻6号、镇稻99、盐稻8号、武运粳11、华粳2号、广陵香粳、武育粳5号、武香粳9号
滇榆1号	中粳	>13	合系34、楚粳7号、楚粳8号、楚粳24、凤稻14、楚粳14、靖粳8号、靖粳优2号、靖粳优3号、云粳优1号
农垦58	晚粳	>506	沪选19、鄂宜105、农虎6号、辐农709、秀水48、农红73、矮粳23、秀水04、秀水11、秀水63、宁67、武运粳7号、武育粳3号、宁粳1号、甬粳18、徐稻3号、武香粳9号、鄂晚5号、嘉991、镇稻99、太湖糯
农虎6号	晚粳	>332	秀水664、嘉湖4号、祥湖47、秀水04、秀水11、秀水48、秀水63、桐青晚、宁67、太湖糯、武香粳9号、甬粳44、香血糯335、辐农709、武运粳7号
测21	晚粳	>254	秀水04、武香粳14、秀水11、宁粳1号、秀水664、武粳15、武运粳8号、秀水63、甬粳18、祥湖84、武香粳9号、武运粳21、宁67、嘉991、矮糯21、常农粳2号、春江026
秀水04	晚粳	>130	武香粳14、秀水122、武运粳23、秀水1067、武粳13、甬优6号、秀水17、太湖粳2号、甬优1号、宁粳3号、皖稻26、运9707、甬优9号、秀水59、秀水620
矮宁黄	晚粳	>31	老来青、沪晚23、八五三、矮粳23、农红73、苏粳7号、安庆晚2号、浙粳66、秀水115、苏稻1号、镇稻1号、航育1号、祥湖25

辽粳5号(丰锦////越路早生/矮脚南特//藤坂5号/BaDa///沈苏6号)是沈阳市浑河农场采用籼、粳稻杂交,后代用粳稻多次复交,于1981年育成的早粳矮秆高产品种。辽粳5号集中了籼、粳稻特点,株高80～90cm,叶片宽、厚、短、直立上举,色浓绿,分蘖力强,株型紧凑,受光姿态好,光能利用率高,适应性广,较抗稻瘟病,中抗白叶枯病,产量高。适宜在东北作早粳种植,1992年最大种植面积达到9.8万hm²。用辽粳5号作亲本共衍生了61个品种,如辽粳326、沈农159、沈农189、松粳10号、辽星1号等。

合江20(早丰/合江16)是黑龙江省农业科学院水稻研究所于20世纪70年代育成的优良广适型早粳品种。合江20全生育期133～138d,叶色浓绿,直立上举,分蘖力较强,抗稻瘟病性较强,耐寒性较强,耐肥,抗倒伏,感光性较弱,感温性中等,株高90cm左右,千粒重23～24g。70年代末至80年代中期在黑龙江省大面积推广种植,特别是推广水稻旱育稀植以后,该品种成为黑龙江省的主栽品种。作为骨干亲本合江20衍生的品种包括松粳3号、合江21、合江23、黑粳5号、吉粳62等。

桂花黄是我国中、晚粳稻育种的一个主要亲源品种,原名Balilla(译名巴利拉、伯利拉、倍粒稻),1960年从意大利引进。桂花黄为1964年江苏省苏州地区农业科学研究所从Balilla变异单株中选育而成,亦名苏粳1号。桂花黄株高90cm左右,全生育期120～130d,对短日照反应中等偏弱,分蘖力弱,穗大,着粒紧密,半直立,千粒重26～27g,一般单产5 000～6 000kg/hm²。桂花黄的显著特点是配合力好,能较好地与各类粳稻配组。据统计,40年来(1965—2004年)桂花黄共衍生了97个品种,种植面积较大的品种有南粳32、矮粳23、秀水115、徐稻2号、浙粳66、双糯4号、临稻10号等。

农垦58是我国最重要的晚粳稻骨干亲本之一。农垦58又名世界一(经考证应该为Sekai系列中的1个品系),1957年农垦部引自日本,全生育期单季晚稻160～165d,连作晚稻135d,株高约110cm,分蘖早而多,株型紧凑,感光,对短日照反应敏感,后期耐寒,抗稻瘟病,适应性广,千粒重26～27g,米质优,作单季晚稻单产一般6 000～6 750kg/hm²。该品种20世纪60～80年代在长江流域稻区广泛种植,1975年种植面积达到345万hm²,1960—1987年累计种植面积超过1 100万hm²。50年来(1960—2010年)以农垦58为亲本衍生的品种超过506个,其中直接经系统选育而成的品种59个。具有农垦58血缘并大面积种植的品种有:鄂宜105、农虎6号、辐农709、农红73、秀水04、秀水11、秀水63、宁67、武运粳7号、武育粳3号、宁粳1号、甬粳18、徐稻3号等。从农垦58田间发现并命名的农垦58S,成为我国两系杂交稻光温敏核不育系的主要亲本之一,并衍生了多个光温敏核不育系如培矮64S等,配组了大量两系杂交稻如两优九、两优培特、培两优288、培两优986、培两优特青、培杂山青、培杂双七、培杂泰丰、培杂茂三等。

农虎6号是我国著名的晚粳品种和育种骨干亲本,由浙江省嘉兴市农业科学研究所于1965年用农垦58与老虎稻杂交育成,具有高产、耐肥、抗倒伏、感光性较强的特点,仅1974年在浙江、江苏、上海的种植面积就达到72.2万hm²。以农虎6号为亲本衍生的品种超过332个,包括大面积种植的秀水04、秀水63、祥湖84、武香粳14、辐农709、武运粳7号、宁粳1号、甬粳18等。

武育粳3号是江苏省武进稻麦育种场以中丹1号分别与79-51和扬粳1号的杂交后代经复交育成。全生育期150d左右,株高95cm,株型紧凑,叶片挺拔,分蘖力较强,抗倒伏性中等，单产大约8 700kg/hm^2，适宜沿江和沿海南部、丘陵稻区中等或中等偏上肥力条件下种植。1992—2008年累计推广面积549万hm^2，1997年最大推广面积达到52.7万hm^2。以武育粳3号为亲本，衍生了一批中粳新品种，如淮稻5号、镇稻99、香粳111、淮稻8号、盐稻8号、盐稻9号、扬粳9538、淮稻6号、南粳40、武运粳11、扬粳687、扬粳糯1号、广陵香粳、华粳2号、阳光200等。

测21是浙江省嘉兴市农业科学研究所用日本种质灵峰（丰沃/绫锦）为母本，与本地晚粳中间材料虎蕾选（金蕾440/农虎6号）为父本杂交育成。测21半矮生，叶姿挺拔，分蘖中等，株型挺，生育后期根系活力旺盛，成熟时穗弯于剑叶之下，米质优，配合力好。测21在浙江、江苏、上海、安徽、广西、湖北、河北、河南、贵州、天津、吉林、辽宁、新疆等省（自治区、直辖市）衍生并通过审定的常规粳稻新品种254个，包括秀水04、武香粳14、秀水11、宁粳1号、秀水664、武粳15、武运粳8号、秀水63、甬粳18、祥湖84、武香粳9号、武运粳21、宁67、嘉991、矮糯21等。1985—2012年以上衍生品种累计推广种植达2 300万hm^2。

秀水04是浙江省嘉兴市农业科学研究所以测21为母本，与辐农70-92/单209为父本杂交于1985年选育而成的中熟晚粳型常规水稻品种。秀水04茎秆矮而硬，耐寒性较强，连晚栽培株高80cm，单季稻95～100cm，叶片短而挺，分蘖力强，成穗率高，有效穗多。穗颈粗硬，着粒密，结实率高，千粒重26g，米质优，产量高，适宜在浙江北部、上海、江苏南部种植，1985—1994年累计推广面积180万hm^2。以秀水04为亲本衍生的品种超过130个，包括武香粳14、秀水122、祥湖84、武香粳9号、武运粳21、宁67、武粳13、甬优6号、秀水17、太湖粳2号、宁粳3号、皖稻26等。

西南175是西南农业科学研究所从台湾粳稻农家品种中经系统选择于1955年育成的中粳品种，产量较高，耐逆性强，在云贵高原持续种植了50多年。西南175不但是云贵地区的主要当家品种，而且是西南稻区中粳育种的主要亲本之一。

三、杂交水稻不育系

杂交水稻的不育系均由我国创新育成，包括野败型、矮败型、冈型、印水型、红莲型等三系不育系，以及两系杂交水稻的光敏和温敏不育系。最重要的杂交稻核心不育系有21个，衍生的不育系超过160个，配组的大面积种植（年种植面积>6 667hm^2）的品种数超过1 300个。配组杂交稻品种最多的不育系是：珍汕97A、Ⅱ-32A、V20A、冈46A、龙特甫A、博A、协青早A、金23A、中9A、天丰A、谷丰A、农垦58S、培矮64S和Y58S等（表1-8）。

表1-8 杂交水稻核心不育系及其衍生的品种（截至2014年）

不育系	类　型	衍生的不育系数	配组的品种数	代　表　品　种
珍汕97A	野败籼型	>36	>231	汕优2号、汕优22、汕优3号、汕优36、汕优36辐、汕优4480、汕优46、汕优559、汕优63、汕优64、汕优647、汕优6号、汕优70、汕优72、汕优77、汕优78、汕优8号、汕优多系1号、汕优桂30、汕优桂32、汕优桂33、汕优桂34、汕优桂99、汕优晚3、汕优直龙

（续）

不育系	类型	衍生的不育系数	配组的品种数	代 表 品 种
Ⅱ-32A	印水籼型	>5	>237	Ⅱ优084、Ⅱ优128、Ⅱ优162、Ⅱ优46、Ⅱ优501、Ⅱ优58、Ⅱ优602、Ⅱ优63、Ⅱ优718、Ⅱ优725、Ⅱ优7号、Ⅱ优802、Ⅱ优838、Ⅱ优87、Ⅱ优多系1号、Ⅱ优辐819、优航1号、优明86
V20A	野败籼型	>8	>158	威优2号、威优35、威优402、威优46、威优48、威优49、威优6号、威优63、威优64、威优647、威优77、威优98、威优华联2号
冈46A	冈籼型	>1	>85	冈矮1号、冈优12、冈优188、冈优22、冈优151、冈优188、冈优527、冈优725、冈优827、冈优881、冈优多系1号
龙特甫A	野败籼型	>2	>45	特优175、特优18、特优524、特优559、特优63、特优70、特优838、特优898、特优桂99、特优多系1号
博A	野败籼型	>2	>107	博Ⅲ优273、博Ⅱ优15、博优175、博优210、博优253、博优258、博优3550、博优49、博优64、博优803、博优998、博优桂44、博优桂99、博优香1号、博优湛19
协青早A	矮败籼型	>2	>44	协优084、协优10号、协优46、协优49、协优57、协优63、协优64、协优华联2号
金23A	野败籼型	>3	>66	金优117、金优207、金优253、金优402、金优458、金优191、金优63、金优725、金优77、金优928、金优桂99、金优晚3
K17A	K籼型	>2	>39	K优047、K优402、K优5号、K优926、K优1号、K优3号、K优40、K优52、K优817、K优818、K优877、K优88、K优绿36
中9A	印水籼型	>2	>127	中9优288、中优207、中优402、中优974、中优桂99、国稻1号、国丰1号、先农20
D汕A	D籼型	>2	>17	D优49、D优78、D优162、D优361、D优1号、D优64、D汕优63、D优63
天丰A	野败籼型	>2	>18	天优116、天优122、天优1251、天优368、天优372、天优4118、天优428、天优8号、天优998、天优华占
谷丰A	野败籼型	>2	>32	谷优527、谷优航1号、谷优964、谷优航148、谷优明占、谷优3301
丛广41A	红莲籼型	>3	>12	广优4号、广优青、粤优8号、粤优938、红莲优6号
黎明A	滇粳型	>11	>16	黎优57、滇杂32、滇杂34
甬粳2A	滇粳型	>1	>11	甬粳2号、甬优3号、甬优4号、甬优5号、甬优6号
农垦58S	光温敏	>34	>58	培矮64S、广占63S、广占63-4S、新安S、GD-1S、华201S、SE21S、7001S、261S、N5088S、4008S、HS-3、两优培九、培两优288、培两优特青、丰两优1号、扬两优6号、新两优6号、粤杂122、华两优103
培矮64S	光温敏	>3	>69	培两优210、两优培九、两优培特、培两优288、培两优3076、培两优981、培两优986、培两优特青、培杂山青、培杂双七、培杂桂99、培杂67、培杂泰丰、培杂茂三
安农S-1	光温敏	>18	>47	安两优25、安两优318、安两优402、安两优青占、八两优100、八两优96、田两优402、田两优4号、田两优66、田两优9号
Y58S	光温敏	>7	>120	Y两优1号、Y两优2号、Y两优6号、Y两优9981、Y两优7号、Y两优900、深两优5814
株1S	光温敏	>20	>60	株两优02、株两优08、株两优09、株两优176、株两优30、株两优58、株两优81、株两优839、株两优99

珍汕97A属野败胞质不育系，是江西省萍乡市农业科学研究所以海南普通野生稻的野败材料为母本，以迟熟早籼品种珍汕97为父本杂交并连续回交于1973年育成。该不育系配合力强，是我国使用范围最广、应用面积最大、时间最长、衍生品种最多的不育系。与不同恢复系配组，育成多种熟期类型的杂交水稻供华南早稻、华南晚稻、长江流域的双季早稻和双季晚稻及一季中稻利用。以珍汕97A为母本直接配组的年种植面积超过6 667hm^{2}的杂交水稻品种有92个，30年来（1978—2007年）累计推广面积13 372万hm^2。

V20A属野败胞质不育系，是湖南省贺家山原种场以野败/6044//71-72后代的不育株为母本，以早籼品种V20为父本杂交并连续回交于1973年育成。V20A一般配合力强，异交结实率高，配组的品种主要作双季晚稻使用，也可用作双季早稻。V20A是全国主要的不育系之一，配组的威优6号、威优63、威优64等系列品种在20世纪80～90年代曾经大面积种植，其中威优6号在1981—1992年的累计种植面积达到822万hm^2。

Ⅱ-32A属印水胞质不育系。为湖南杂交水稻研究中心从印尼水田谷6号中发现的不育株，其恢保关系与野败相同，遗传特性也属于孢子体不育。Ⅱ-32A是用珍汕97B与IR665杂交育成定型株系后，再与印水珍鼎（糯）A杂交、回交转育而成。全生育期130d，开花习性好，异交结实率高，一般制种产量可达3 000～4 500kg/hm^2，是我国主要三系不育系之一。Ⅱ-32A衍生了优ⅠA、振丰A、中9A、45A、渝5A等不育系，与多个恢复系配组的品种，包括Ⅱ优084、Ⅱ优46、Ⅱ优501、Ⅱ优63、Ⅱ优838、Ⅱ优多系1号、Ⅱ优辐819、Ⅱ优明86等，在我国南方稻区大面积种植。

冈型不育系是四川农学院水稻研究室以西非晚籼冈比亚卡（Gambiaka Kokum）为母本，与矮脚南特杂交，利用其后代分离的不育株杂交转育的一批不育系，其恢保关系、雄性不育的遗传特性与野败基本相似，但可恢复性比野败好，从而发现并命名为冈型细胞质不育系。冈46A是四川农业大学水稻研究所以冈二九矮7号A为母本，用"二九矮7号/V41//V20/雅矮早"的后代为父本杂交、回交转育成的冈型早籼不育系。冈46A在成都地区春播，播种至抽穗历期75d左右，株高75～80cm，叶片宽大，叶色淡绿，分蘖力中等偏弱，株型紧凑，生长繁茂。冈46A配合力强，与多个恢复系配组的74个品种在我国南方稻区大面积种植，其中冈优22、冈优12、冈优527、冈优151、冈优多系1号、冈优725、冈优188等曾是我国南方稻区的主推品种。

中9A是中国水稻研究所1992年以优ⅠA为母本，优ⅠB/L301B//菲改B的后代作父本，杂交、回交转育成的早籼不育系，属印尼水田谷6号质源型，2000年5月获得农业部新品种权保护。中9A株高约65cm，播种至抽穗60d左右，育性稳定，不育株率100%，感温，异交结实率高，配合力好，可配组早籼、中籼及晚籼3种栽培型杂交水稻，适用于所有籼型杂交稻种植区。以中9A配组的杂交品种产量高，米质好，抗白叶枯病，是我国当前较抗白叶枯病的不育系，与抗稻瘟病的恢复系配组，可育成双抗的杂交稻品种。配组的国稻1号、国丰1号、中优177、中优448、中优208等49个品种广泛应用于生产。

谷丰A是福建省农业科学院水稻研究所以地谷A为母本，以[龙特甫B/宙伊B（V41B/汕优菲一//IRs48B）]F$_4$作回交父本，经连续多代回交于2000年转育而成的野败型三系不育系。谷丰A株高85cm左右，不育性稳定，不育株率100%，花粉败育以典败为主，异交特性好，较抗稻瘟病，适宜配组中、晚籼类型杂交品种。谷优系列品种已在中国南方稻区大面积推广应用，成为稻瘟病重发区杂交水稻安全生产的重要支撑。利用谷丰A配组育成了谷优527、谷优964、谷优5138等32个品种通过省级以上农作物品种审定委员会审（认）定，其中4个品种通过国家农作物品种审定委员会审定。

甬粳2A是滇粳型不育系，是浙江省宁波市农业科学院以宁67A为母本，以甬粳2号为父本进行杂交，以甬粳2号为父本进行连续回交转育而成。甬粳2A株高90cm左右，感光性强，株型下紧上松，须根发达，分蘖力强，茎韧秆壮，剑叶挺直，中抗白叶枯病、稻瘟病、细菌性条纹病，耐肥，抗倒伏性好。采用粳不/籼恢三系法途径，甬粳2A配组育成了甬优2号、甬优4号、甬优6号等优质高产籼粳杂交稻。其中，甬优6号（甬粳2A/K4806）2006年在浙江省鄞州取得单季稻12 510kg/hm²的高产，甬优12（甬粳2A/F5032）在2011年洞桥"单季百亩示范方"取得13 825kg/hm²的高产。

培矮64S是籼型温敏核不育系，由湖南杂交水稻研究中心以农垦58S为母本，籼爪型品种培矮64（培迪/矮黄华//测64）为父本，通过杂交和回交选育而成。培矮64S株高65～70cm，分蘖力强，亲和谱广，配合力强，不育起点温度在13h光照条件下为23.5℃左右，海南短日照（12h）条件下不育起点温度超过24℃。目前已配组两优培九、两优培特、培两优288等30多个通过省级以上农作物品种审定委员会审定并大面积推广的两系杂交稻品种，是我国应用面积最大的两系核不育系。

安农S-1是湖南省安江农业学校从早籼品系超40/H285//6209-3群体中选育的温敏型两用核不育系。由于控制育性的遗传相对简单，用该不育系作不育基因供体，选育了一批实用的两用核不育系如香125S、安湘S、田丰S、田丰S-2、安农810S、准S360S等，配组的安两优25、安两优318、安两优402、安两优青占等品种在南方稻区广泛种植。

Y58S(安农S-1/常菲22B//安农S-1/Lemont///培矮64S)是光温敏不育系，实现了有利多基因累加，具有优质、高光效、抗病、抗逆、优良株叶形态和高配合力等优良性状。Y58S目前已选配Y两优系列强优势品种120多个，其中已通过国家、省级农作物品种审定委员会审（认）定的有45个。这些品种以广适性、优质、多抗、超高产等显著特性迅速在生产上大面积推广，代表性品种有Y两优1号、Y两优2号、Y两优9981等，2007—2014年累计推广面积已超过300万hm²。2013年，在湖南隆回县，超级杂交水稻Y两优900获得14 821kg/hm²的高产。

四、杂交水稻恢复系

我国极大部分强恢复系或强恢复源来自国外，包括IR24、IR26、IR30、密阳46等，它们均含有我国台湾省地方品种低脚乌尖的血缘（sd1矮秆基因）。20世纪70～80年代，IR24、IR26、IR30、IR36、IR58直接作恢复系利用，随着明恢63（IR30/圭630）的育成，我国的杂交稻恢复系走上了自主创新的道路，育成的恢复系其遗传背景呈现多元化。目前，主要的已广泛应用的核心恢复系17个，它们衍生的恢复系超过510个，配组的种植面积较大（年种植面积＞6 667hm²）的杂交品种数超过1 200个（表1-9）。配组品种较多的恢复系有：明恢63、明恢86、IR24、IR26、多系1号、测64-7、蜀恢527、辐恢838、桂99、CDR22、密阳46、广恢3550、C57等。

表1-9 我国主要的骨干恢复系及配组的杂交稻品种（截至2014年）

骨干亲本名称	类型	衍生的恢复系数	配组的杂交品种数	代表品种
明恢63	籼型	>127	>325	D优63、Ⅱ优63、博优63、冈优12、金优63、马协优63、全优63、汕优63、特优63、威优63、协优63、优Ⅰ63、新香优63、八两优63
IR24	籼型	>31	>85	矮优2号、南优2号、油优2号、四优2号、威优2号
多系1号	籼型	>56	>78	D优68、D优多系1号、Ⅱ优多系1号、K优5号、冈优多系1号、汕优多系1号、特优多系1号、优Ⅰ多系1号
辐恢838	籼型	>50	>69	辐优803、B优838、Ⅱ优838、长优838、川香838、辐优838、绵5优838、特优838、中优838、绵两优838、天优838
蜀恢527	籼型	>21	>45	D奇宝优527、D优13、D优527、Ⅱ优527、辐优527、冈优527、红优527、金优527、绵5优527、协优527
测64-7	籼型	>31	>43	博优49、威优49、协优49、油优49、D优64、油优64、威优64、博优64、常优64、协优64、优Ⅰ64、枝优64
密阳46	籼型	>23	>29	油优46、D优46、Ⅱ优46、Ⅰ优46、金优46、油优10、威优46、协优46、优Ⅰ46
明恢86	籼型	>44	>76	Ⅱ优明86、华优86、两优2186、油优明86、特优明86、福优86、D297优86、T优8086、Y两优86
明恢77	籼型	>24	>48	汕优77、威优77、金优77、优Ⅰ77、协优77、特优77、福优77、新香优77、K优877、K优77
CDR22	籼型	24	34	油优22、冈优22、冈优3551、冈优363、绵5优3551、宜香3551、冈优1313、D优363、Ⅱ优936
桂99	籼型	>20	>17	油优桂99、金优桂99、中优桂99、特优桂99、博优桂99（博优903）、华优桂99、秋优桂99、枝优桂99、美优桂99、优Ⅰ桂99、培两优桂99
广恢3550	籼型	>8	>21	Ⅱ优3550、博优3550、油优3550、油优桂3550、特优3550、天丰优3550、威优3550、协优3550、优优3550、枝优3550
IR26	籼型	>3	>17	南优6号、油优6号、四优6号、威优6号、威优辐26
扬稻6号	籼型	>1	>11	红莲优6号、两优培九、扬两优6号、粤优938
C57	粳型	>20	>39	黎优57、丹粳1号、辽优3225、9优418、辽优5218、辽优5号、辽优3418、辽优4418、辽优1518、辽优3015、辽优1052、泗优422、皖稻22、皖稻70
皖恢9号	粳型	>1	>11	70优9号、培两优1025、双优3402、80优98、Ⅲ优98、80优9号、80优121、六优121

明恢63是我国最重要的育成恢复系，由福建省三明市农业科学研究所以IR30/圭630于1980年育成。圭630是从圭亚那引进的常规水稻品种，IR30来自国际水稻研究所，含有IR24、IR8的血缘。明恢63衍生了大量恢复系，其衍生的恢复系占我国选育恢复系的65%～70%，衍生的主要恢复系有CDR22、辐恢838、明恢77、多系1号、广恢128、恩恢58、明恢86、绵恢725、盐恢559、镇恢084、晚3等。明恢63配组育成了大量优良的杂交稻品种，包括油优63、D优63、协优63、冈优12、特优63、金优63、油优桂33、油优多系1号等，这些杂交稻品种在我国稻区广泛种植，对水稻生产贡献巨大。直接以明恢63为恢复系配组的年种植面积超过6 667hm²的杂交水稻品种29个，其中，油优63（珍油97A/

明恢63）1990年种植面积681万hm²，累计推广面积（1983—2009年）6 289万hm²；D优63（D珍汕97A/明恢63）1990年种植面积111万hm²，累计推广面积（1983—2001年）637万hm²。

密阳46（Miyang 46）原产韩国，20世纪80年代引自国际水稻研究所，其亲本为统一/IR24//IR1317/IR24，含有台中本地1号、IR8、IR24、IR1317（振兴/IR262//IR262/IR24）及韩国品种统一（IR8//蜻/台中本地1号）的血缘。全生育期110d左右，株高80cm左右，株型紧凑，茎秆细韧、挺直，结实率85%～90%，千粒重24g，抗稻瘟病力强，配合力强，是我国主要的恢复系之一。密阳46衍生的主要恢复系有蜀恢6326、蜀恢881、蜀恢202、蜀恢162、恩恢58、恩恢325、恩恢995、恩恢69、浙恢7954、浙恢203、Y111、R644、凯恢608、浙恢208等；配组的杂交品种汕优46(原名汕优10号)、协优46、威优46等是我国南方稻区中、晚稻的主栽品种。

IR24，其姐妹系为IR661，均引自国际水稻研究所（IRRI），其亲本为IR8/IR127。IR24是我国第一代恢复系，衍生的重要恢复系有广恢3550、广恢4480、广恢290、广恢128、广恢998、广恢372、广恢122、广恢308等；配组的矮优2号、南优2号、汕优2号、四优2号、威优2号等是我国20世纪70～80年代杂交中晚稻的主栽品种，IR24还是人工制恢的骨干亲本之一。

测64是湖南省安江农业学校从IR9761-19中系选测交选出。测64衍生出的恢复系有测64-49、测64-8、广恢4480（广恢3550/测64）、广恢128（七桂早25/测64）、广恢96（测64/518）、广恢452（七桂早25/测64//早特青）、广恢368（台中籼育10号/广恢452）、明恢77（明恢63/测64）、明恢07（泰宁本地/圭630//测64///777/CY85-43）、冈恢12（测64-7/明恢63）、冈恢152（测64-7/测64-48）等。与多个不育系配组的D优64、油优64、威优64、博优64、常优64、协优64、优I64、枝优64等是我国20世纪80～90年代杂交稻的主栽品种。

CDR22（IR50/明恢63）系四川省农业科学院作物研究所育成的中籼迟熟恢复系。CDR22株高100cm左右，在四川成都春播，播种至抽穗历期110d左右，主茎总叶片数16～17叶，穗大粒多，千粒重29.8g，抗稻瘟病，且配合力高，花粉量大，花期长，制种产量高。CDR22衍生出了宜恢3551、宜恢1313、福恢936、蜀恢363等恢复系24个；配组的汕优22和冈优22强优势品种在生产中大面积推广。

辐恢838是四川省原子能应用技术研究所以226（糯）/明恢63辐射诱变株系r552育成的中籼中熟恢复系。辐恢838株高100～110cm，全生育期127～132d，茎秆粗壮，叶色青绿，剑叶硬立，叶鞘、节间和稃尖无色，配合力高，恢复力强。由辐恢838衍生出了辐恢838选、成恢157、冈恢38、绵恢3724等新恢复系50多个；用辐恢838配组的Ⅱ优838、辐优838、川香9838、天优838等20余个杂交品种在我国南方稻区广泛应用，其中Ⅱ优838是我国南方稻区中稻的主栽品种之一。

多系1号是四川省内江市农业科学研究所以明恢63为母本，Tetep为父本杂交，并用明恢63连续回交育成，同时育成的还有内恢99-14和内恢99-4。多系1号在四川内江春播，播种至抽穗历期110d左右，株高100cm左右，穗大粒多，千粒重28g，高抗稻瘟病，且配合力高，花粉量大，花期长，利于制种。由多系1号衍生出内恢182、绵恢2009、绵恢2040、明恢1273、明恢2155、联合2号、常恢117、泉恢131、亚恢671、亚恢627、航148、晚R-1、中恢8006、宜恢2308、宜恢2292等56个恢复系。多系1号先后配组育成了汕优多系1号、Ⅱ优多系1号、冈优多系1号、D优多系1号、D优68、K优5号、特优多系1号等品种，在我国南方稻区广泛作中稻栽培。

明恢77是福建省三明市农业科学研究所以明恢63为母本，测64作父本杂交，经多代选择于1988年育成的籼型早熟恢复系。到2010年，全国以明恢77为父本配组育成了11个组合通过省级以上农作物品种审定委员会审定，其中3个品种通过国家农作物品种审定委员会审定，从1991—2010年，用明恢77直接配组的品种累计推广面积达744.67万hm^2。到2010年，全国各育种单位利用明恢77作为骨干亲本选育的新恢复系有R2067、先恢9898、早恢9059、R7、蜀恢361等24个，这些新恢复系配组了34个品种通过省级以上农作物品种审定委员会审定。

明恢86是福建省三明市农业科学研究所以P18（IR54/明恢63//IR60/圭630）为母本，明恢75（粳187/IR30//明恢63）作父本杂交，经多代选择于1993年育成的中籼迟熟恢复系。到2010年，全国以明恢86为父本配组育成了11个品种通过省级以上农作物品种审定委员会品种审定，其中3个品种通过国家农作物品种审定委员会审定。从1997—2010年，用明恢86配组的所有品种累计推广面积达221.13万hm^2。到2011年止，全国各育种单位以明恢86为亲本选育的新恢复系有航1号、航2号、明恢1273、福恢673、明恢1259等44个，这些新恢复系配组了65个品种通过省级以上农作物品种审定委员会审定。

C57是辽宁省农业科学院利用"籼粳架桥"技术，通过籼（国际水稻研究所具有恢复基因的品种IR8）/籼粳中间材料（福建省具有籼稻血统的粳稻科情3号）//粳（从日本引进的粳稻品种京引35），从中筛选出的具有1/4籼核成分的粳稻恢复系。C57及其衍生恢复系的育成和应用推动了我国杂交粳稻的发展，据不完全统计，约有60%以上的粳稻恢复系具有C57的血缘，如皖恢9号、轮回422、C52、C418、C4115、徐恢201、MR19、陆恢3号等。C57是我国第一个大面积应用的杂交粳稻品种黎优57的父本。

参考文献

陈温福，徐正进，张龙步，等，2002.水稻超高产育种研究进展与前景[J].中国工程科学，4(1):31-35.

程式华，曹立勇，庄杰云，等，2009.关于超级稻品种培育的资源和基因利用问题[J].中国水稻科学，23(3):223-228.

程式华，2010.中国超级稻育种[M].北京:科学出版社:493.

方福平，2009.中国水稻生产发展问题研究[M].北京:中国农业出版社:19-41.

韩龙植，曹桂兰，2005.中国稻种资源收集、保存和更新现状[J].植物遗传资源学报，6(3):359-364.

林世成，闵绍楷，1991.中国水稻品种及其系谱[M].上海:上海科学技术出版社:411.

马良勇，李西民，2007.常规水稻育种[M]//程式华，李健.现代中国水稻.北京:金盾出版社:179-202.

闵捷，朱智伟，章林平，等，2014.中国超级杂交稻组合的稻米品质分析[J].中国水稻科学，28(2):212-216.

庞汉华，2000.中国野生稻资源考察、鉴定和保存概况[J].植物遗传资源科学，1(4):52-56.

汤圣祥，王秀东，刘旭，2012.中国常规水稻品种的更替趋势和核心骨干亲本研究[J].中国农业科学，5(8):1455-1464.

万建民，2010.中国水稻遗传育种与品种系谱[M].北京:中国农业出版社:742.

魏兴华, 汤圣祥, 余汉勇, 等, 2010. 中国水稻国外引种概况及效益分析 [J]. 中国水稻科学, 24(1): 5-11.

魏兴华, 汤圣祥, 2011. 中国常规稻品种图志 [M]. 杭州: 浙江科学技术出版社: 418.

谢华安, 2005. 汕优 63 选育理论与实践 [M]. 北京: 中国农业出版社: 386.

杨庆文, 陈大洲, 2004. 中国野生稻研究与利用 [M]. 北京: 气象出版社.

杨庆文, 黄娟, 2013. 中国普通野生稻遗传多样性研究进展 [J]. 作物学报, 39(4): 580-588.

袁隆平, 2008. 超级杂交水稻育种进展 [J]. 中国稻米 (1): 1-3.

Khush G S, Virk P S, 2005. IR varieties and their impact[M]. Malina, Philippines: IRRI: 163.

Tang S X, Ding L, Bonjean A P A, 2010. Rice production and genetic improvement in China[M]//Zhong H, Bonjean Alain A P A. Cereals in China. Mexico: CIMMYT.

Yuan L P, 2014. Development of hybrid rice to ensure food security[J]. Rice Science, 21(1): 1-2.

第二章
湖南省稻作区划与品种改良概述

第一节　湖南省稻作区划

　　湖南省地处长江中游南岸，南岭以北，位于北纬24°39′～30°08′，东经108°47′～114°15′。湖南省水稻生产历史悠久。湖南常德城头山遗址发现了6 500年前中国迄今年代最早、灌溉设施完备的世界最早水稻田，3 000年以前的《周礼·职方氏》记载："荆州其谷宜稻。"长沙市郊马王堆一号汉墓出土的稻谷文物鉴定表明，西汉初期水稻品种类型有粳、籼、粘、糯之分，长、中、短粒兼有。据统计，1949年全省水稻种植面积306.7万hm²，由于受当时生产技术以及水稻品种等因素的限制，双季稻面积仅有15万hm²，占水稻总面积的4.9%，其余均为一季稻。1949年以后，双季稻面积迅速扩大，1956年曾有56个县种植，面积增至87.8万hm²，占稻田总面积的28.6%。20世纪60年代初，生产条件改善，耕作技术提高，引入矮秆品种矮脚南特试种成功，并且相继选育、应用适应湖南省生态条件的中秆、矮秆早、中籼品种。与此同时，湖南还引进了中秆晚粳良种农垦58。至60年代中期，湖南水稻生产形成了高秆改矮秆的早矮晚粳的新格局，这是湖南省水稻生产的第一次技术变革。70年代中期，随着籼型杂交水稻在湖南省选育成功及矮秆晚籼品种的相继育成并应用于生产，湖南省的早、晚稻品种布局不仅实现了矮秆化，而且晚稻在长沙以南基本实现了籼型化，湘东、湘中、湘南基本实现了杂优化，湘西、湘北和湘中部分地势较高的地方籼粳并存，这是湖南省水稻生产的第二次技术变革。这两次变革，对双季稻面积的继续扩大、水稻单产的迅速提高和总产量的稳定增长均起到了有力的促进作用。

　　根据湖南省自然资源条件、社会经济条件、耕作制度、品种演变等因素，将湖南省水稻种植区划分为5个稻作区[*]（图2-1）。

一、湘北籼、粳双季稻区

　　本区包括洞庭湖附近的14个县、市，水田面积60.6万hm²，占全省水田面积的23.1%，占本区耕地面积的75%，人均水田607m²。全区以洞庭湖平原为主，地面海拔在50m以下，周围为海拔200m以下的低丘岗地。水田集中连片，土质肥沃，多潮沙土。年日照时数1 735h左右，≥10℃积温5 150～5 200℃，光热条件基本上能满足双季稻三熟制的要求。年降水量1 200～1 550mm，65%的水量集中在4～9月，境内有湘、资、沅、澧四条水系汇集注入洞庭湖，平原地势低注，多雨年份经常出现洪涝灾害。

　　本区生产基础较好，是全国商品粮基地之一，以种植双季稻为主（占95%）。2011—2014年平均每年种植水稻141.67万hm²，占全省水稻种植面积的33.73%；总产量830.21万t，占全省稻谷总产量的32.23%；单位面积产量居全省第五位。今后宜继续发挥双季稻的优势，但必须有计划地适当调减面积，主攻单产，发展春大豆（间作玉米）—杂交稻等复种模式，实行水旱轮作，解决稻田耕作层变浅和次生潜育化加重问题。早稻应以中熟早籼为主，晚稻要扩种早、中熟晚籼稻（含杂交稻）。

---

　　[*]　各稻区统计数据均来源于《2014湖南农村统计年鉴》。

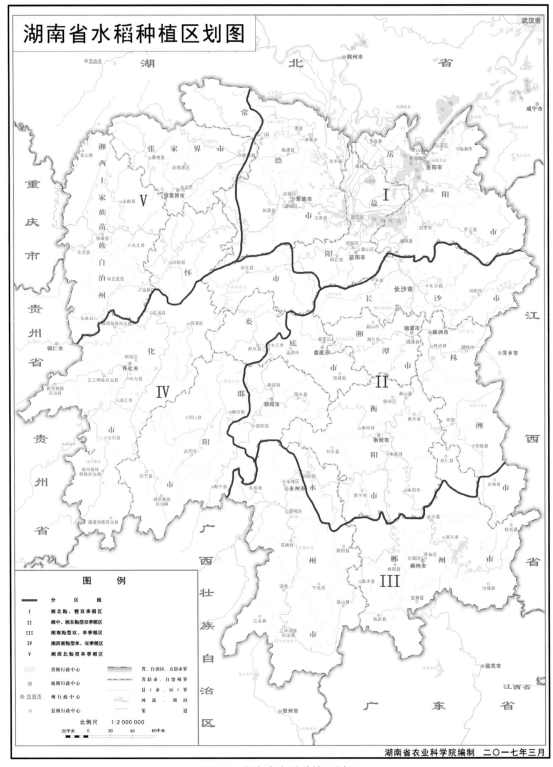

图2-1　湖南省水稻种植区划图

二、湘中、湘东籼型双季稻区

本区位于湖南省中、东部，水田面积96.8万hm²，占全省水田面积的36.9%，占本区耕地面积的84.5%，人均水田540.3m²。区内大部分为丘陵、岗地，红色盆地广布。地面海拔为100～500m。湘、资两水系沿岸多为冲积土，岗地丘陵、多系红壤和紫色土，大部分为高产稳产稻田。年日照时数1473～1754h，≥10℃积温5200～5600℃，年降水量1300～1600mm，夏秋季干旱明显，但河川水量丰富，引、提、灌水利设施较完善，一般旱情对水稻生产影响较小。全区人多田少，稻田耕作精细，水稻种植面积148.40万hm²，占全省的35.34%；稻谷总产量948.26万t，占全省的36.81%；单位面积产量与总产量均居全省第一位。

三、湘南籼型双、单季稻区

本区位于湖南省南部，水田面积36.5万hm²，占全省水田面积的13.9%，占本区耕地面积的80.2%，人均水田526.9m²。区内山地丘陵分布广，郴州以南的4个县，山峦起伏，海拔多在500m以上。本区亚热带气候特征明显，年日照时数多在1600h以上，年平均气温除桂东外，一般都在17.5℃以上，≥10℃积温除桂东、资兴、汝城低于5000℃外，其余各县均在5350℃左右。年降水量都在1400mm以上，湘南边界几县为本省多雨区，但由于下垫面溶岩广布，水利蓄积力差，常遇夏、秋旱，稻田受旱面积大，极个别地方人畜饮水都有困难。全区水稻种植面积60.46万hm²，占全省的14.40%；总产量368.33万t，占全省的14.30%；单位面积产量居全省第三位。

四、湘西南籼型单、双季稻区

本区位于湘西南雪峰山麓一带，水田面积39.8万hm²，占全省水田面积的15.2%，人均水田513.6m²。本区山地广阔，土壤以黄壤为主，适农宜粮。属中亚热带湿润季风气候，年日照时数为1440h，年平均气温16.7℃，≥10℃积温为4885～5150℃，年降水量1362mm。安化县降水量多达1691mm，但新晃县只有1169.6mm，属干旱地带。全区水稻种植面积52.29万hm²，占全省的12.45%；总产量328.64万t，占全省的12.76%；单位面积产量居全省第二位。

五、湘西北籼型单季稻区

本区以山地为主，间有小盆地或沿河阶地，水田面积28.65万hm²，占全省水田面积的10.9%，占本区耕地面积的66%，人均水田560.3m²。区内武陵山盘踞，山高坡陡，谷川幽深，稻田分散，呈层次状立体格局。本区有明显的山地气候特点，年日照时数全省最少，仅1398.7h，年平均气温16.4℃，≥10℃积温不到5150℃，年降水量1402mm，少于湘南区，多于其他区。2～4月常出现春旱，影响春播育秧和稻田翻耕。区内岩溶地貌普遍，加之水利建设差，提水条件不好，夏秋干旱常影响水稻生产。全区梯田多，以单季稻为主，耕作粗放，水稻种植面积17.16万hm²，占全省的4.09%；总产量100.61万t，占全省的3.91%。

第二节 湖南省水稻品种改良历程

一、改农家品种为改良品种及地方良种

水稻育种产生于水稻生产之中。据考证，在20世纪30年代以前，湖南省的栽培品种几乎都是由广大农民自发选育、群选群育和自然选择的，这一阶段水稻农家品种很多，如长沙的善化粘、粒谷早，浏阳的露水白，岳阳的光绪早，华容的矮脚早，攸县的红咀早、麻壳子、西洋禾，醴陵的拗番子，安乡的六十早，南县的红毛苏，邵阳的麻谷早、宝庆粘，黔阳的砂粘，湘西的红谷，新化的二号禾等，品种繁多，参差不齐，产量不高。由政府组织较为正规的水稻育种研究始于1929年建立的湖南省第三农事试验场，此后，湖南逐渐重视水稻良种推广，加大良种繁育力度，先后成立了湘米改进委员会、湖南省农业改良所，开展水稻品种的改良工作。1941年，湖南省农业改良所在芷江、长沙、邵阳、衡阳、常德等五地设立稻作试验场，负责育种、繁殖、推广工作。1942年国民政府农林部在宜章县黄沙堡设农林部湘南繁殖推广站，并在芷江设分站，还在全省76县设有推广所。1943年农林部湖南繁殖推广站由宜章迁至邵阳宋家塘，改为华中繁殖推广站。水稻品种方面，选育出万利籼、胜利籼、黄金粘、抗战粘、满地红、茶籼1号、23-41等新品种，并鉴定出茶子粘、櫔子粘等地方良种，从省外引进了南特号等品种。从农家品种逐渐演变为更好的改良品种及地方良种，是湖南水稻品种的一次更新换代，更是湖南第一次较成功的品种渐进演替。

二、改晚籼品种为晚粳品种

中华人民共和国成立后，湖南省对水稻良种十分重视，把推广水稻良种作为农业增产的重要措施。1950年4月湖南省农林厅成立，内设了种子科，县农业部门有种子专管干部，为水稻品种演替做了大量工作。最初，大量繁殖了民国时期育成的单季稻改良品种如万利籼、胜利籼等籼稻品种。后来，为减轻晚稻受寒露风的危害，洞庭湖区大量种植引进抗寒性强的晚粳品种如松场261、韭菜青、老来青等。1958年，随着双季稻的发展，全省晚粳面积达到21万 hm²，绝大部分地区增产，据此湖南提出了水稻品种适宜早籼晚粳的发展思路，先后从江苏、浙江、上海引进10509、太湖青、412、853、猪毛簇、牛毛黄、芦干白、铁杆青等粳稻品种。1960年，湖南引进农垦58粳稻品种，该品种表现矮秆、高产、抗寒、抗倒，且比其他晚粳品种发饭，食味也较好，深受群众欢迎，纷纷要求调种推广。1966年农垦58种植面积达到77.27万 hm²，占双季晚稻面积的61%，1973年面积达到122.27万 hm²，成为1949年以后湖南省栽培面积最大、种植时间最长的一个水稻品种。加上20世纪70年代湖南推广引进和自育的农虎6号、东风5号、岳农2号等晚粳品种，基本实现了改晚籼稻品种为晚粳稻品种。后来由于需肥少、产量高的晚籼稻品种发展迅猛，晚粳稻品种面积急剧缩减。

三、改高秆籼稻品种为矮秆籼稻品种

20世纪50年代末，湖南水稻育种家从矮脚南特（广东引种）的矮秆、耐肥、抗倒和高

产实例中得到启示，开始大力开展水稻矮秆育种研究。

1963年，夏爱民等育成了湖南第一个矮秆早籼迟熟品种——南陆矮，随之又先后推广了本省育成和引进的湘矮早3号、湘矮早4号、青小金早、广解9号等适应性广的品种，到60年代末湖南基本实现了水稻品种的矮秆化。70年代，二九南、朝阳1号、二九青、广陆矮4号、原丰早、竹系26、湘矮早7号、湘矮早8号、湘矮早9号等品种得到大面积推广，尤其是湘矮早9号，多年占据湖南省推广面积首位。晚稻主要以余晚6号、闽晚6号、洞庭晚籼为主，号称"三晚"，占据洞庭湖区的大部分面积。

四、从常规稻到三系杂交稻

湖南是杂交水稻的发源地。1964年，袁隆平在湖南省安江农业学校开始进行水稻杂种优势利用研究。1970年，袁隆平的助手李必湖等在海南南红农场一处沼泽地野生稻丛中发现一株花药瘦小、不开裂、内含典型败育花粉的野生稻细胞质雄性不育种质资源，当时命名为"野败"，它的发现为杂交水稻的研究打开了突破口。1973年，成功实现杂交水稻的不育系、保持系、恢复系三系配套，育成南优2号等组合并开始在生产上推广应用，标志着籼型三系法选育杂交水稻取得成功。从南优2号、南优3号、威优6号、威优64、威优35到汕优63、Ⅱ优58、金优207、T优207、岳优9113等，三系杂交水稻发展迅猛。据统计，1996—2013年湖南省杂交稻面积占全省水稻种植总面积的比例一直在60%以上，2008年达到最高为76.6%（图2-2）；其中，一季中稻中的杂交稻面积占比更是接近90%，2003年达到95%，为史上最高。

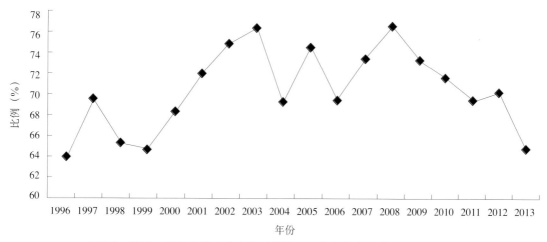

图2-2　1996—2013年湖南省杂交稻种植面积占全省水稻种植面积的比例

五、两系杂交稻蓬勃发展时期

三系法杂交水稻的发明和大面积推广应用，大幅度提高了水稻单位面积产量，为解决我国粮食短缺问题做出了重大贡献。然而三系法杂交水稻受恢保关系限制，配组不自由，且种子生产程序复杂。1973年，石明松在粳稻农垦58中发现光温敏核雄性不育株。1981年，石明松提出"一系两用"的水稻杂种优势利用思路。1984年，袁隆平提出杂交水稻从"三系法"到"两系法"再到"一系法"的战略设想。继石明松发现光敏核雄性不育材料农垦58S后，一批新的光温敏核雄性不育种质资源相继被发现，如1987年邓华凤最先在籼稻中发现温敏核雄性不育资源并育成世界上第一个籼型温敏核雄性不育系安农S-1。早期研究普遍认为，光敏核雄性不育系只受光照长度影响，但后续研究表明，温度是光敏核雄性不育系育性转换的主导因子，且温度在年份间的波动很大，导致两系法杂交水稻的生产应用难度非常大。针对这一困难局面，1992年袁隆平提出选育实用光温敏核雄性不育系的新思路，明确指出不育系起点温度低是实用光温敏核雄性不育系的关键指标，由此先后选育出培矮64S、安农810S、株1S、C815S、Y58S等多个实用光温敏核雄性不育系。自1994年第一个两系杂交稻组合"培两优特青"通过审定以来，两系杂交稻在湖南发展迅猛。据统计，2013年湖南省两系杂交稻种植面积占全省水稻种植面积的26.5%，占杂交水稻种植面积的39.7%（图2-3）。

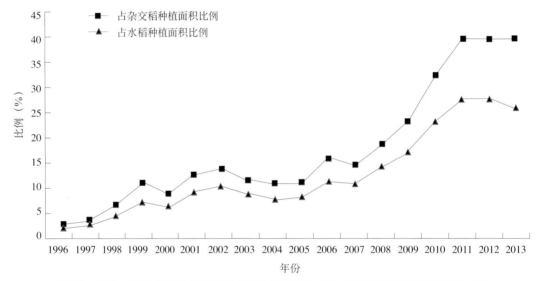

图2-3　1996—2013年湖南省两系杂交稻种植面积占全省水稻和杂交稻种植面积的比例

六、超级稻研究不断取得新突破

1997年，袁隆平提出理想株型与远缘杂种优势利用相结合的水稻超高产育种技术路线。1998年，国家启动了超级杂交稻育种研究计划。2000年，江苏省农业科学院与湖南杂交水稻研究中心合作育成的两优培九达到超级稻中稻育种第一期目标10 500kg/hm²；2004年，湖南杂交水稻研究中心育成的两优0293达到超级稻中稻育种第二期目标12 000kg/hm²；2012年，怀化职业技术学院与湖南杂交水稻研究中心合作育成的Y两优8188达到超级稻中稻育种第三期目标13 500kg/hm²；2014年，创世纪种业有限公司与湖南杂交水稻研究中心合作育成的Y两优900达到超级稻中稻育种第四期目标15 000kg/hm²。

截至2014年，湖南省育成通过农业部认定的超级稻品种11个，均为杂交籼稻品种，全国累计推广面积超过430万hm²。其中，陵两优268、陆两优819和株两优819为双季早稻组合，全国累计推广面积超过61万hm²；Y两优1号、Y两优2号、准两优527、准两优608、N两优2号和准两优1141为中稻迟熟组合，全国累计推广面积超过265万hm²；盛泰优722、H优518、丰源优299和金优299为双季晚稻组合，全国累计推广面积超过106万hm²。

参考文献

邓华凤，舒福北，袁定阳，1999.安农S-1的研究及其利用概况[J].杂交水稻，14(3):1-3.

段传嘉，段永红，1997."八五"期间湖南常规水稻育种进展[M].作物研究 (1):29-31.

湖南省农业厅，2001.湖南杂交水稻发展史[M].长沙：湖南科学技术出版社.

黄景夏，1992.湖南常规育种的成就与经验[J].福建稻麦科技 (1):13-19.

黎用朝，刘三雄，曾翔，等，2008.湖南水稻生产概况、发展趋势及对策探讨[J].湖南农业科学 (2):129-133.

刘厚敖，宋忠华，刘云开，等，2005.湖南省高温的时空分布与水稻生产的利用对策[J].农业现代化研究，26(6): 453-455.

青先国，艾治勇，2007.湖南水稻种植区域化布局研究[J].农业现代化研究，28(6):704-708.

吴云天，王联芳，龚平，等，2003.湖南省晚稻品种演变分析[J].杂交水稻，18(1):1-4.

余应弘，黄景夏，等，1995.湖南省主要育成和应用水稻品种(组合)亲源分析及评述[J].湖南农业科学 (5):1-5.

袁隆平，1997.杂交水稻超高产育种[J].杂交水稻，12(6): 1-6.

袁隆平，2002.杂交水稻学[M].北京：中国农业出版社.

袁隆平，2006.超级杂交稻研究[M].上海：上海科学技术出版社.

张德明，2002.湖南水稻生产的现状与出路[J].湖南农业 (2):15.

张国兴，周柯，2005.区域化布局：现代农业的基础[N].江阴日报，07-03(A01).

朱保朝，张友根，陈佩良，2001.湖南水稻生产的现状与发展前景[J].作物研究，42(2):37-38.

第三章
品种介绍

ZHONGGUO SHUIDAO PINZHONGZHI · HUNAN CHANGGUIDAO JUAN

第一节　地方品种

白米冬占 （Baimidongzhan）

品种来源：洞庭湖区及湘东农家品种。

形态特征和生物学特性：属常规籼型水稻，迟熟中籼。株型松散，叶片绿色有茸毛，叶鞘无色。全生育期140.0d。株高115.0～125.0cm，穗长18.0～25.0cm，穗粒数60.0～110.0粒，结实率87.9%。谷粒长椭圆形，颖壳秆黄色，稃尖无色、无芒。千粒重23.5g。

品质特性：糙米率76.5%，垩白小，米白，品质好，食味佳。

抗性：抗寒性差，易倒伏。

产量及适宜地区：一般单产3 750kg/hm²，高的可达4 500kg/hm²，在湖南栽培历史悠久，是20世纪50年代一季稻和双季晚稻主栽品种之一，主要分布在洞庭湖区及长沙、醴陵、湘潭、攸县、平江、宁乡等县（市）。1958—1960年累计推广种植面积39.4万hm²。

栽培技术要点：适合中等肥田、深泥脚田种植。适当密植，种植密度20cm×24cm，每穴栽插7～8苗。注意及时收割。

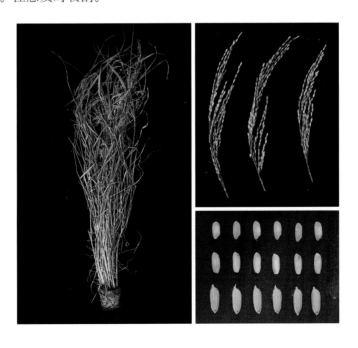

番子（Fanzi）

品种来源：湖南省醴陵市农家品种。

形态特征和生物学特性：属常规籼型水稻，迟熟晚籼。株型松散，茎秆粗壮，分蘖力较强，叶片绿色，叶鞘无色。全生育期126.0d。株高120.0cm，穗长23.0cm，穗粒数80.0粒，结实率82.0%。谷粒椭圆形，颖壳秆黄色，稃尖无色，间有短芒。千粒重24.0g。

品质特性：垩白小，米白透明，品质好，食味佳。

抗性：耐肥力强，耐寒，抗病虫力弱。

产量及适宜地区：一般单产3 000kg/hm²，高的可达4 500kg/hm²，醴陵、浏阳、攸县等县（市）种植面积较大，是20世纪50年代后期大面积推广种植的良种之一，全省各双季稻区都有种植，1956—1960年累积推广种植面积43.9万hm²。

栽培技术要点：不宜在山冲田、冷浸田种植。要求芒种前后播种。特别要加强对螟虫的防治。

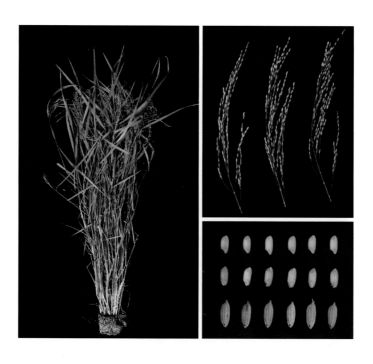

红米冬占 （Hongmidongzhan）

品种来源：洞庭湖区农家品种。

形态特征和生物学特性：属常规籼型水稻，迟熟晚籼。株型较松散，茎秆细软，叶片绿色多茸毛，叶鞘紫色。全生育期120.0d。株高115.0cm，穗长17.0cm，穗粒数61.0粒，结实率75.0%。谷粒中细长，颖壳灰褐色，间有短芒。千粒重26.0g。

品质特性：糙米率72.0%，红米，食味较好。

抗性：耐瘠耐旱，抗病虫力弱，易倒伏落粒。

适宜地区：湖南各地均有栽培，主要在滨湖地区种植，是20世纪50年代双季晚稻的主要品种之一。

栽培技术要点：山、丘、湖区均可种植。种植密度20cm×24cm，每穴栽插6～7苗。注意及时收割。

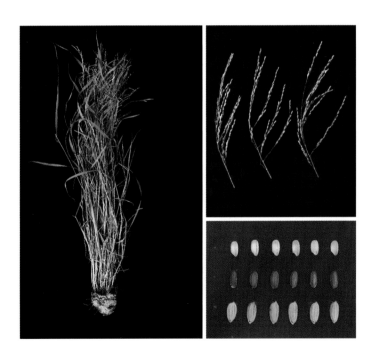

老黄谷（Laohuanggu）

品种来源：浏阳市农家品种。

形态特征和生物学特性：属常规籼型水稻，迟熟晚籼。株型松散，茎秆粗壮，叶片绿色，叶鞘无色。后期灌浆快，落色好，不早衰。全生育期125.0～138.0d。株高130.0cm，穗长21.0cm，穗粒数68.0粒，结实率85.0%。谷粒长椭圆形，颖壳秆黄色，颖尖无色、无芒。千粒重23.9g。

品质特性：米质中上。

抗性：耐寒，抗病虫力较强。

产量及适宜地区：一般单产3 750kg/hm²，高的可达4 800kg/hm²，在浏阳市栽培历史悠久，1958年占该市晚稻面积的80.0%，湘潭、邵阳、湘西、湘南各县（市）均有种植，是20世纪50年代至60年代初双季晚稻主栽品种之一，1960年种植面积曾达到1.6万hm²。

栽培技术要点：肥水较好的稻田都能种植，注意防治螟虫。

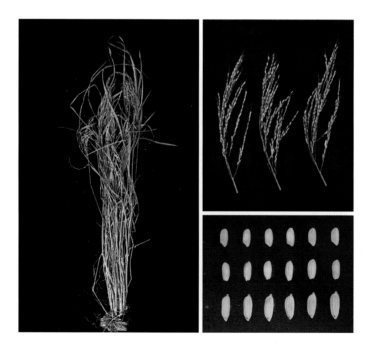

雷火占 （Leihuozhan）

品种来源：洞庭湖区农家品种，又称火烧占和红火癫。

形态特征和生物学特性：属常规籼型水稻，早熟早籼。感光性弱，感温性中等。茎秆坚硬，分蘖力较强，叶鞘、稃尖、柱头都呈深紫色，有时叶片边缘也呈紫红色。全生育期105.0d。株高105.0cm，穗粒数75.0粒。千粒重26.5g。

品质特性：米粒垩白小，糙米率高，米质较好。

抗性：耐肥抗倒伏，苗期抗寒力较弱。

产量及适宜地区：1956—1957年参加全省区域试验，一般单产3 375～4 920kg/hm²，最高可达6 270kg/hm²。1949年以前为南县、安乡等县的主栽早籼品种。1958年全省栽培面积曾达到26.7万hm²，占早稻总面积的20%。

栽培技术要点：播种不宜过早，在3月底4月初播种，秧田做好防寒措施，不宜植于冷浸田。施足底肥，早追速效肥。成熟后及时收割，防止落粒。

六十早 (Liushizao)

品种来源：湖南农家品种。

形态特征和生物学特性：属籼型常规水稻，早熟早籼。感光性弱。茎秆细，叶大而下垂，绿色，叶鞘、叶耳紫色。全生育期102.3d。株高118.0cm，穗长19.0cm，每穗57.3粒，结实率76.2%。谷粒椭圆形，壳黄色，稃尖紫色、无芒。千粒重28.0g。

品质特性：米红色，米质差，碎米较多。

抗性：不耐肥，易倒伏。

产量及适宜地区：一般单产3 000kg/hm²，湖南全省各地均有分散种植。

栽培技术要点：4月上旬播种，4月下旬移栽，种植密度为20cm×23cm，每穴栽插8～9苗。施足基肥，早施追肥，加强中后期灌溉管理。根据各地病虫害发生的动态，加强预防，及时防治。

第二节　常规早稻品种

T7 (T 7)

品种来源：湖南省水稻研究所以湘矮早9号/竹莲矮为杂交组合，在F_3代采用高光效新技术育种选育而成。1989年通过湖南省农作物品种审定委员会审定，审定编号：湘品审（认）第135号。

形态特征和生物学特性：属籼型常规水稻，迟熟早籼。感温性较强。茎秆粗壮，分蘖力较强，根系发达，叶片宽厚而较挺直，叶色较浓，叶耳、叶环无色，成熟时叶青谷黄。全生育期110.3d。株高85.0cm，穗粒数91.0粒，结实率85.3%。谷粒较宽长，穗顶谷粒有短芒，稃尖无色。千粒重30.0g。

品质特性：糙米率81.8%，精米率71.7%，整精米率56.9%，食味中等。

抗性：抗稻瘟病，耐低温，耐低钾。

产量及适宜地区：一般单产6 300 ~ 6 900kg/hm²，高产可达7 500kg/hm²。在湖南省各地都有种植，以长沙、邵阳、祁阳、黔阳、益阳等地栽培居多，1986—1990年湖南省累计推广种植面积1.04万hm²。

栽培技术要点：稀播壮秧，少株匀播，秧田用种量450 ~ 600kg/hm²，种植密度13cm×20cm，每穴栽插4苗。施足有机肥，早追肥，早管理。

卡青90 (Kaqing 90)

品种来源：湖南农业大学农学院以国外品种卡拉杜马作母本、温选青作父本进行杂交，再用温选青作轮回父本去雄连续回交4次选育而成。1990年通过湖南省农作物品种审定委员会审定，审定编号：湘品审（认）第142号。

形态特征和生物学特性：属籼型常规水稻，迟熟早籼。株型适中，分蘖力强，叶片直立，叶面禾。全生育期115.0d。株高80.0cm，穗粒数65.0粒，结实率85.0%。谷壳较薄，谷粒秆黄色、无芒。千粒重30.0～31.0g。

品质特性：精米率68.0%，米质中等。

产量及适宜地区：一般单产6 000～6 750kg/hm²。1989—1990年累计推广种植面积3.1万hm²。

栽培技术要点：种植密度13cm×20cm。需肥水平高，注意施足底肥。

娄早籼5号 (Louzaoxian 5)

品种来源：湖南省娄底市农业科学研究所以浙辐802/密阳46为杂交组合，采用系谱法选育而成。1995年通过湖南省农作物品种审定委员会认定，审定编号：湘品审(认)第176号。

形态特征和生物学特性：属籼型常规水稻，早熟早籼。感温性弱。株型适中，叶片直立，分蘖力较强，后期落色好。全生育期104.3d。株高85.4cm，穗长19.2cm，有效穗数442.5万穗/hm²，穗粒数83.0粒，结实率80.5%。千粒重22.0g。

品质特性：精米长宽比2.6。整精米率68.0%，垩白粒率13.2%，垩白度2.1%，胶稠度88.0mm，直链淀粉含量12.1%。

抗性：中抗稻瘟病，感白叶枯病。

产量及适宜地区：平均单产6 345kg/hm²，适宜湖南双季稻区作早稻种植。

栽培技术要点：3月下旬播种，采用薄膜育秧，播种前做好种子消毒。4～5叶移栽，种植密度13cm×20cm，每穴栽插6～7苗。施足基肥，早施追肥，常规田间管理。

南陆矮 (Nanluai)

品种来源：湖南省水稻研究所以陆财号/矮脚南特为杂交组合选育而成。

形态特征和生物学特性：属籼型常规水稻，是湖南省第一个矮秆籼型迟熟早稻品种。感光性弱，感温性强。茎秆较粗，分蘖力中等，叶片较宽、短，直立，叶色较浓绿，叶鞘、叶环紫色。穗型较大，着粒较密。全生育期在长沙地区为118.0d。株高70.1cm，穗粒数80.3粒，结实率80.0%。谷粒短椭圆形，无芒，稃尖紫色。千粒重27.0g。

品质特性：谷壳较厚，出米率较低，米质一般。

抗性：耐肥，抗倒伏，不抗稻瘟病。

产量及适宜地区：一般单产5 250～6 000kg/hm²，高产可达7 200kg/hm²。累计推广种植面积达到13.3万hm²。适宜湖南各地种植。

栽培技术要点：宜早播早插，种植密度为13cm×20cm，每穴栽插6～7苗。施足底肥，早施速效性追肥，促早生快发。

湘矮早10号（Xiang'aizao 10）

品种来源：湖南省水稻研究所以湘矮早8号/湘矮早9号为杂交组合，于1978年选育而成。

形态特征和生物学特性：属常规籼型水稻，迟熟早籼。感光性弱，感温性强。株型适中，分蘖力强，生长势好，剑叶直立，叶鞘、叶环、稃尖紫色。全生育期112.0d。株高77.4cm，有效穗数420万穗/hm²，穗粒数83.6粒，结实率85.5%。谷粒椭圆形，谷壳秆黄色，无芒。千粒重25.0g。

品质特性：米质中等。

抗性：中抗稻瘟病。

产量及适宜地区：一般单产6 540～6 855kg/hm²，最高可达7 500kg/hm²。1978年以来湖南省累计推广种植面积达到33.3万hm²。

栽培技术要点：宜早播早插，种植密度13cm×20cm，每穴栽插6～7苗。以有机肥为主，施足底肥，早追肥。

湘矮早3号（Xiang'aizao 3）

品种来源：湖南省水稻研究所以广矮6号/莲塘早为杂交组合，1965年选育而成。

形态特征和生物学特性：属常规籼型水稻，早熟早籼。感光性弱，感温性强。株型适中，茎秆较细，分蘖力强，叶片较窄，叶色淡绿，多穗型，穗型较小。全生育期106.0d。株高70.0cm，穗粒数60.0粒，结实率82.0%～85.0%。千粒重25.0g。

品质特性：出米率高，米质较好。

产量及适宜地区：一般单产4 500～5 250kg/hm²，高的可达6 000kg/hm²。1972—1976年湖南累计推广种植面积达到56.1万hm²。

栽培技术要点：适时迟播早插，防止秧苗老化，可采用湿润秧田农膜覆盖育秧，防止烂秧。种植密度13cm×20cm，每穴栽插7～8苗。注意及时收获。

湘矮早4号（Xiang'aizao 4）

品种来源：湖南省水稻研究所以广矮6号/陆财号为杂交组合，1967年选育而成。

形态特征和生物学特性：属常规籼型水稻，迟熟早籼。感光性弱，感温性强。株型适中，茎秆中等，分蘖力中等，长势旺盛，叶色浓绿，叶鞘、叶环无色，稃尖紫色、无芒。全生育期115.0d。株高80.0cm，穗粒数80.0～90.0粒，结实率82.0%～85.0%。千粒重26.0g。

品质特性：出米率高，米质较好。

产量及适宜地区：一般单产6 000～6 750kg/hm²，高的可达7 500kg/hm²。1967—1974年湖南省累计推广种植面积达到149.1万hm²。

栽培技术要点：宜早播早插，种植密度13cm×20cm，每穴栽插6～7苗。以有机肥为主，施足底肥，早追肥。作连作晚稻（倒种春）栽培，宜在7月10日前播种，秧龄不超过20d。

湘矮早7号（Xiang'aizao 7）

品种来源：湖南省水稻研究所以广矮6号/陆财号为杂交组合，采用系谱法选育而成。1984年通过湖南省农作物品种审定委员会认定，认定编号：湘品审（认）第4号。

形态特征和生物学特性：属常规籼型水稻，早熟早籼。感光性弱，感温性强。株型集散适中，分蘖力较强，长势旺盛，叶色浓绿，剑叶角度较大，叶上禾。全生育期105.0d。株高70.0cm，穗粒数74.0粒，结实率80.0%。粒形椭圆，颖壳秆黄色，稃尖无色、无芒。千粒重23.0g。

品质特性：糙米率78.0%。蛋白质含量12.9%，系当时全国水稻良种中蛋白质含量最高的品种。

抗性：苗期耐寒力强，后期不早衰。

产量及适宜地区：一般单产5 250kg/hm²，高的可达6 000kg/hm²，湖南各地双季稻区大面积推广。1973—1990年湖南省累计推广种植面积达到118.8万hm²。

栽培技术要点：适当早播早插，种植密度13cm×20cm，每穴栽插7~8苗。增施速效肥，早追肥，促早生快发。

湘矮早8号（Xiang'aizao 8）

品种来源：湖南省水稻研究所以湘矮早2号/湘矮早4号为杂交组合，于1971年选育而成。

形态特征和生物学特性：属常规籼型水稻，迟熟早籼。感光性弱，感温性中等。株型适中，分蘖力较强，生长势强，叶色较浓绿，叶片较短直，叶鞘、叶环、稃尖均紫色，无芒，易落粒。全生育期110.0d。株高80.0cm，结实率81.0%。千粒重25.0g。

品质特性：糙米率80.0%，米质中等。

抗性：高感稻瘟病。

产量及适宜地区：一般单产5 250～6 000kg/hm²，最高可达6 750kg/hm²。湖南各地双季稻区大面积推广。1973—1986年湖南省累计推广种植面积37.9万hm²。

栽培技术要点：在稻瘟病较重地区不宜种植。易落粒，注意及时收获。

湘矮早9号 （Xiang'aizao 9）

品种来源：湖南省水稻研究所以IR86/湘矮早4号为杂交组合，采用系谱法选育而成，分别通过广西壮族自治区（1983）、湖南省（1984）和国家（1985）农作物品种审定委员会认定，审定编号分别为：桂审字第018号、湘品审(认)第9号和GS01000-1984。

形态特征和生物学特性：属常规籼型水稻，迟熟早籼。感光性弱，感温性强。株型较紧凑，分蘖力较弱，叶色浓绿，剑叶较短。叶耳、叶环、叶鞘紫色。谷粒椭圆形，无芒，稃尖紫色。全生育期120.0d。株高80.0cm，穗粒数100.0～130.0粒，结实率90.0%。千粒重27.0g。

品质特性：糙米率78.0%，米质一般。

抗性：中抗稻瘟病和白叶枯病。

产量及适宜地区：一般单产6 000～6 750kg/hm²，高的可达7 500kg/hm²。1976—1990年湖南省累计推广种植面积469.7万hm²。

栽培技术要点：宜早播早插。种植密度13cm×20cm，每穴栽插8～9苗。施足底肥，早追肥。

湘辐994（Xiangfu 994）

品种来源：湖南省原子能农业应用研究所对湘辐87-12/湘早籼20的F_1代种子经辐射处理选育而成。2003年通过湖南省农作物品种审定委员会审定，审定编号：XS001-2003。

形态特征和生物学特性：属籼型常规水稻，迟熟早籼。株型较紧凑，叶色浓绿，叶缘无色。剑叶角度小，半叶下禾。分蘖力较强，成穗率较高。全生育期112.0d，与对照湘早籼19相当。株高98.0cm，穗粒数100.0粒，结实率81.0%。千粒重25.0g。

品质特性：精米粒长6.8mm，长宽比3.2。糙米率82.5%，精米率70.8%，整精米率65.0%，垩白粒率15.5%，垩白度1.3%，胶稠度91mm，直链淀粉含量12.9%。

抗性：高抗稻瘟病，抗白背飞虱和褐飞虱。

产量及适宜地区：2001—2002年参加湖南省早籼区域试验，单产6 975kg/hm²，比对照湘早籼19减产4.7%。2003年以来湖南省累计推广种植面积2.7万hm²。适宜湖南作早稻种植。

栽培技术要点：3月底4月初播种，秧田每公顷用种量750kg左右，大田每公顷用种量90kg，秧龄30d以内。种植密度16cm×20cm，每穴栽插4～5苗。宜采用中等偏上肥力种植，每公顷施纯氮150kg、五氧化二磷75kg、氧化钾90kg，以有机肥为主。注意防治病虫害，分蘖期重点防治稻螟虫，抽穗期重点防治稻纵卷叶螟。

湘早糯1号 （Xiangzaonuo 1）

品种来源：湖南省原子能农业应用研究所以IR29/温选青杂交F_2代，用^{60}Co γ 射线30kR处理选育而成，原品系号81-10。1985年通过湖南省农作物品种审定委员会审定，审定编号：湘品审第4号。

形态特征和生物学特性：属籼型常规水稻，迟熟早糯。感光性弱，感温性弱。株型较紧凑，分蘖力强，茎秆细韧，叶色深绿较窄，剑叶短而挺直，叶鞘无色。全生育期117.0d。株高90.0cm，有效穗数495万穗/hm^2，穗长19.0cm，穗粒数70.0 ～ 80.0粒，结实率68.5%。谷粒长椭圆形，谷秆黄色，稃尖无色，穗顶谷粒偶有短芒。千粒重27.0g。

品质特性：精米长5.9mm，长宽比2.9。糙米率80.7%，精米率71.4%，整精米率65.7%，胶稠度115.0mm。

抗性：抗稻瘟病和白叶枯病。

产量及适宜地区：l983年参加湖南省早籼区域试验，单产6 165kg/hm^2，比对照绍糯2号增产15.6%，居糯稻组第一名；1984年续试，单产7 455kg/hm^2，比对照绍糯2号增产11.7%。1985—1990年累计推广种植面积29.3万hm^2。适宜湖南双季稻区作早稻种植。

栽培技术要点：适时播种，稀播壮秧。施足基肥，早追肥。加强病虫害防治。

湘早籼1号 （Xiangzaoxian 1）

品种来源：湖南水稻研究所以温选青/湘矮早9号为杂交组合，采用系谱法选育而成。分别通过湖南省（1985）、福建省（1991）、国家（1991）农作物品种审定委员会审定，审定编号：湘品审第1号、闽审稻1991004和GS01019-1990。

形态特征和生物学特性：属籼型常规水稻，迟熟早籼。株型好，分蘖力中等，茎秆粗壮。全生育期115.0d，比对照广陆矮4号长2.0～3.0d。穗长22.5cm，有效穗数379.5万穗/hm²，穗粒数89.5粒，结实率85.5%。千粒重31.0g。

品质特性：米质中上。

抗性：抗稻瘟病，耐肥，抗倒伏。

产量及适宜地区：一般单产6 000～6 750kg/hm²，高产可达7 500kg/hm²。1985年以来累计推广种植面积12.1万hm²。适宜湖南、江西等省种植。

栽培技术要点：适当早播早插，种植密度13cm×20cm，每穴栽插6～7苗。施足底肥，早施追肥。

湘早籼10号（Xiangzaoxian 10）

品种来源：湖南省水稻研究所用湘早籼3号株系经辐照处理选育而成，原编号为85-151。1991年通过湖南省农作物品种审定委员会审定，审定编号：湘品审第70号。

形态特征和生物学特性：属籼型常规水稻，早熟早籼。感光性弱，感温性弱。株型较紧凑，叶片直立，叶色淡绿。叶鞘、叶缘、叶环均无色。全生育期102.4d，比对照二九青长0.7d。株高80.0cm，穗长17.9cm，有效穗数450万穗/hm²，穗粒数80.0粒，结实率86.5%。种皮白色，稃尖无色、无芒。千粒重26.0g。

品质特性：糙米率81.4%，精米率71.3%，整精米率52.6%，垩白粒率38.3%，垩白度17.5%。米质好，食味可口。

抗性：中抗稻瘟病，高抗白背飞虱，轻感纹枯病，苗期耐冷性强。

产量及适宜地区：1988年参加湖南省早稻组区域试验，单产6 540kg/hm²，比对照二九青增产13.8%，极显著；1989年续试，单产6 150kg/hm²，比对照二九青增产11.6%，极显著。1991年以来累计推广种植面积13.3万hm²。适宜湖南、湖北两省种植。

栽培技术要点：宜早播早插，最适秧龄期25d左右，种植密度18cm×20cm，每穴栽插5～6苗。施足底肥，早追肥，加强病虫害防治。

湘早籼11（Xiangzaoxian 11）

品种来源：湖南省水稻研究所以浙辐802/湘早籼1号为杂交组合，采用系谱法选育而成，原编号7-81。1991年通过湖南省农作物品种审定委员会审定，审定编号：湘品审第71号。

形态特征和生物学特性：属籼型常规水稻，中熟早籼。感光性弱，感温性较强。营养生长期较短。株型松散适中，叶片直立，叶色深绿。全生育期109.0d，比对照湘早籼4号短1.0d。株高80.0cm，穗长18.0cm，有效穗数418.5万穗/hm²，穗粒数85.0粒，结实率80.3%。种皮白色，颖尖无色、短芒。千粒重28.0g。

品质特性：糙米长宽比2.1。糙米率81.0%，精米率70.1%，整精米率47.4%，垩白粒率100%，垩白度40.0%，胶稠度30.0mm，直链淀粉含量24.3%，蛋白质含量10.9%。米质中等。

抗性：苗期耐冷性强。

产量及适宜地区：1989年参加湖南省早稻组区域试验，单产6 510kg/hm²，比对照湘早籼4号增产4.5%，极显著；1990年续试，单产7 035kg/hm²，比对照湘早籼4号增产4.6%，极显著。1991年以来累计推广种植面积16.2万hm²。适宜湖南、安徽两省双季稻区作早稻种植。

栽培技术要点：适时早播，并注意种子消毒，稀播壮秧。4～5叶移栽，种植密度13cm×20cm，每穴栽插5～6苗。施足底肥，后期看苗追肥，防倒伏。

湘早籼12（Xiangzaoxian 12）

品种来源：湖南省水稻研究所从湘早籼1号变异株中，采用系统选择方法选育而成，原编号87-249。1992年通过湖南省农作物品种审定委员会审定，审定编号：湘品审第93号。

形态特征和生物学特性：属籼型常规水稻，迟熟早籼。感光性弱，感温性弱。株型松散适中，茎秆粗壮，叶色浓绿。叶鞘、叶环均无色。全生育期113.0d，比对照湘早籼1号短2.0d。株高85.0cm，穗长19.0cm，有效穗数405万穗/hm²，穗粒数81.0粒，结实率85.0%。种皮白色，稃尖无色、无芒。千粒重33.2g。

品质特性：糙米率81.0%，精米率69.2%。米质一般。

抗性：中抗稻瘟病，苗期较耐寒，耐肥，抗倒伏。

产量及适宜地区：一般单产6 750～7 500kg/hm²。1992年以来累计推广种植面积4.8万hm²。适宜湖南各地种植。

栽培技术要点：浸种时用强氯精等药物消毒，早播早插，稀播，匀播，培育壮秧，种植密度13cm×20cm，每穴栽插5～6苗。施足底肥，早追肥。作倒种春栽培时，须在7月10日左右播种，秧龄不超过20d。

湘早籼13 (Xiangzaoxian 13)

品种来源：湖南省怀化市农业科学研究所以2279/湘早籼3号为杂交组合，采用系谱法选育而成，原编号4077-2。1993年通过湖南省农作物品种审定委员会审定，审定编号：湘品审第115号。

形态特征和生物学特性：属籼型常规水稻，早熟早籼。感光性弱，感温性弱。前期株型较紧，后期株型松散，叶片直立，叶色淡绿色。叶鞘、叶环、叶耳均无色。全生育期95.0d，比对照湘早籼4号短1.5d。株高85.0cm，穗长21.5cm，有效穗数403.5万穗/hm²，穗粒数79.6粒，结实率81.8%。种皮白色，稃尖无色，偶有顶芒，不易掉粒。千粒重27.1g。

品质特性：糙米粒长8.3mm。糙米率80.8%，精米率72.7%，整精米率61.5%，垩白粒率22.0%，垩白度11.3%，胶稠度65.0mm，直链淀粉含量25.0%，蛋白质含量8.9%。达到湖南省优质稻谷3级标准。

抗性：中抗稻瘟病，抗白背飞虱、纹枯病，苗期抗寒性强，耐肥，抗倒伏。

产量及适宜地区：1991年参加湖南省早稻组区域试验，单产6 930kg/hm²，比对照浙辐802增产6.3%，极显著；1992年续试，单产6 420kg/hm²，比对照浙辐802增产5.12%，极显著。1993年以来累计推广种植面积110万hm²。适宜湖南省各地种植。

栽培技术要点：3月下旬4月初播种，大田每公顷用种量75～90kg，稀播育壮秧。5叶期移栽，每穴栽插5～6苗，种植密度13cm×20cm，基本苗225万苗/hm²。施足底肥，早追肥。全生育期内注意防治病虫害。

湘早籼14 （Xiangzaoxian 14）

品种来源：湖南省怀化市农业科学研究所以怀早3号/测64-7为杂交组合，采用系谱法选育而成，原名怀早5号。1993年通过湖南省农作物品种审定委员会审定，审定编号：湘品审第116号。

形态特征和生物学特性：属籼型常规水稻，迟熟早籼。感光性弱，感温性弱。株型松散适中，茎秆较细，叶片较窄。叶鞘、叶环、叶耳均无色。全生育期110.0d，比对照湘早籼1号短5.0d。株高79.0cm，穗长20.0cm，有效穗数450万穗/hm²，穗粒数80.0粒，结实率85.0%。种皮白色，稃尖无色、无芒。千粒重25.8g。

品质特性：糙米粒长7.2mm，糙米长宽比3.6。糙米率82.5%，精米率73.0%，整精米率66.5%，垩白粒率31.4%，直链淀粉含量26.3%，米粒透明，食味好。米质达到湖南省优质稻谷3级标准。

抗性：中抗稻瘟病、褐飞虱，抗纹枯病，苗期抗寒性强。

产量及适宜地区：一般单产6750kg/hm²。1993年以来累计推广种植面积42.9万hm²。适宜湖南、江西等长江以南地区种植。

栽培技术要点：3月下旬4月初播种，采用薄膜育秧，播种前做好种子消毒，防止恶苗病发生。每公顷秧田用种量600kg，大田用种量60～90kg，培育壮秧，5叶期移栽，小蔸密植，每穴栽插4～5苗。施足底肥，插后7d每公顷追施尿素105kg、氧化钾75kg，促早发，后期增施叶面肥壮籽。

湘早籼15（Xiangzaoxian 15）

品种来源：湖南省水稻研究所从IR19274-26-2-3-1-2株系的变异株中，采用系选法选育而成，原编号为86-70。1993年通过湖南省农作物品种审定委员会审定，审定编号：湘品审第117号。

形态特征和生物学特性：属籼型常规水稻，迟熟早籼。感光性弱，感温性弱。株型较紧凑，分蘖力较强，茎秆较粗而坚韧，叶片较窄，叶色淡绿，叶环、叶鞘、秆尖无色。全生育期118.0d，比对照湘早籼1号长2d。株高94.0cm，穗长20.0cm，有效穗数409.5万穗/hm²，穗粒数75.0粒，结实率81.3%。种皮白色，无芒。千粒重24.7g。

品质特性：糙米长宽比3.7。糙米率78.6%，精米率70.7%，整精米率54.5%，垩白粒率12.0%，垩白度2.3%，胶稠度59.5mm，直链淀粉含量10.1%，属软米类型。1990年该品种参加第二届全国科研新成果展销会，荣获银奖；1990年被评为湖南省优质软米。

抗性：中抗稻瘟病，苗期抗寒性较强。

产量及适宜地区：一般单产为5 250～6 150kg/hm²。1993年以来累计推广种植面积15万hm²。适宜湖南双季稻区作早稻或倒种春种植。

栽培技术要点：该品种生育期偏长，在湘北作早稻，3月下旬至4月初播种，4月下旬或5月初插秧，需到7月底8月初才能成熟；每公顷秧田用种量675～825kg、大田用种量75～90kg。种植密度30万～37.5万穴/hm²，每穴栽插5～6苗，作倒种春栽培每穴栽插4～5苗；每公顷施纯氮150kg，适当配施磷、钾肥。总苗数达525万苗/hm²即可晒田，灌浆成熟期田面保持湿润，切忌脱水过早。

湘早籼16 (Xiangzaoxian 16)

品种来源：湖南省水稻研究所以湘早籼3号/浙辐802为杂交组合，采用系谱法选育而成，原编号为HA88374。1994年通过湖南省农作物品种审定委员会审定，审定编号：湘品审第141号。

形态特征和生物学特性：属籼型常规水稻，中熟早籼。感光性弱，感温性弱。株型较紧凑，分蘖力较强，叶片挺直，叶色淡绿，叶鞘无色。全生育期107.0d，比对照浙辐802长3.5d。株高82.0cm，穗长19.0cm，有效穗数360万穗/hm²，穗粒数83.3粒，结实率81.1%。种皮白色，无芒。千粒重28.5g。

品质特性：糙米长宽比2.6。糙米率81.0%，精米率69.6%，整精米率51.0%，垩白粒率83.5%，垩白度18.4%，胶稠度25.0mm，直链淀粉含量27.6%，蛋白质含量13.4%。米质中上。

抗性：抗稻瘟病弱，中抗白叶枯病，不耐高肥，成熟期易倒伏。

产量及适宜地区：1992年参加湖南省早稻组区域试验，单产6 600kg/hm²，比对照浙辐802增产7.0%，极显著；1993年续试，单产6 885kg/hm²，比对照浙辐802增产8.7%，极显著。1994年以来累计推广种植面积4.3万hm²。适宜湖南省双季稻区作早稻种植。

栽培技术要点：3月下旬4月初播种，秧龄期30d。施足基肥，早施、稳施分蘖肥，控制中后期氮肥施用量，每公顷纯氮量宜控制在150kg以内。注意及时防治稻瘟病。

湘早籼17 (Xiangzaoxian 17)

品种来源：湖南农业大学以85-20///竹系26/红410//74-105为杂交组合，采用系谱法选育而成，原编号为89早229。1995年通过湖南省农作物品种审定委员会审定，审定编号：湘品审第152号。

形态特征和生物学特性：属籼型常规水稻，早熟早籼。感光性弱，感温性弱。株型较紧凑，分蘖力较强，茎秆粗壮，叶片长短适中，挺直，叶色浓绿，叶鞘无色。全生育期105.0d，比对照浙辐802长1.5d。株高77.7cm，穗长18.0cm，有效穗数427.5万穗/hm²，穗粒数89.8粒，结实率82.6%。谷粒椭圆形，稃尖无色，种皮白色，短芒。千粒重23.7g。

品质特性：糙米率80.1%，精米率70.1%，整精米率56.0%。米质中上。

抗性：苗期耐寒性强，中抗稻瘟病，抗纹枯病。

产量及适宜地区：一般单产6 600kg/hm²，1995年以来累计推广种植面积39.4万hm²。适宜湖南、江西等省种植。

栽培技术要点：3月下旬4月初播种，秧龄期25～30d，4～5叶移栽，种植密度13cm×20cm，每穴栽插6～7苗，施足基肥，早施追肥。其余按常规田间管理。

湘早籼18 (Xiangzaoxian 18)

品种来源：湖南省水稻研究所用湘早籼10号株系，经^{60}Coγ处理选育而成，原编号为91-81。1995年通过湖南省农作物品种审定委员会审定，审定编号：湘品审第153号。

形态特征和生物学特性：属籼型常规水稻，中熟早籼。感光性弱，感温性弱。株型松散适中，分蘖力较强，茎秆粗壮，叶片挺直，叶色浓绿，叶鞘无色。全生育期106.0d，比对照浙辐802长1～2d。穗长21.5cm，有效穗数409.5万穗/hm^2，穗粒数84.4粒，结实率85.0%。谷粒细长，稃尖无色，种皮白色，无芒。千粒重25.0g。

品质特性：糙米长宽比3.1。糙米率81.0%，精米率70.1%，整精米率57.3%，垩白粒率99.0%，垩白度5.8%，胶稠度100.0mm，直链淀粉含量12.1%。米质较好，达国家优质稻2级标准。

抗性：高抗稻瘟病，苗期抗寒性较强。

产量及适宜地区：1993年参加湖南省早稻组区域试验，单产5 865kg/hm^2，比对照浙辐802增产2.5%，不显著；1994年续试，单产7 027.5kg/hm^2，比对照浙辐802增产6.3%，极显著。1985年以来累计推广种植面积9.2万hm^2。适宜湖南双季稻区作早稻种植。

栽培技术要点：3月下旬4月初播种，采用薄膜育秧，播种前做好种子消毒。4～5叶移栽，种植密度13cm×20cm，每穴栽插6～7苗，施足基肥，早施追肥。其他按常规田间管理。

湘早籼19 (Xiangzaoxian 19)

品种来源：湖南水稻研究所以湘早籼3号/浙辐802为杂交组合，采用系谱法选育而成，原编号为HA891037。1995年通过湖南省农作物品种审定委员会审定，审定编号：湘品审第154号。

形态特征和生物学特性：属籼型常规水稻，迟熟早籼。感光性弱，感温性弱。株叶型好，前期生长茂盛，分蘖力较强，茎秆粗壮，成穗率高。叶片长短适中，挺直，叶色浓绿，叶环、叶鞘无色。全生育期110.0d，比对照湘早籼1号短3d。株高87.3cm，穗长21.2cm，有效穗数375万穗/hm²，穗粒数104.0粒，结实率79.2%。谷粒椭圆形，稃尖秆黄，种皮白色，偶有顶芒。千粒重29.0g。

品质特性：糙米长宽比2.6。糙米率81.6%，精米率69.1%，整精米率46.3%，垩白粒率80.0%，垩白度29.7%。米质中上。

抗性：中抗稻瘟病，抗寒性强。

产量及适宜地区：1993年参加湖南省早稻组区域试验，单产6 615kg/hm²，比对照湘早籼1号增产3.2%，显著；1994年续试，单产7 335kg/hm²，比对照湘早籼1号增产3.5%，显著；1995—2002年累计推广种植面积38.1万hm²。适宜湖南、江西等省作早稻种植。

栽培技术要点：3月下旬4月初播种，大田每公顷用种量90kg，秧田施足基肥，播种前做好种子消毒。4～5叶移栽，种植密度13cm×20cm，每穴栽插6～7苗。注意防治纹枯病、稻纵卷叶螟和二化螟。

湘早籼2号（Xiangzaoxian 2）

品种来源：湖南农业大学以湘矮早9号/温选10号为杂交组合，采用系谱法选育而成，原编号为79-1163。1985年通过湖南省农作物品种审定委员会审定，审定编号：湘品审第2号。

形态特征和生物学特性：属籼型常规水稻，中熟早籼。对短日照有负感现象，感温性弱。株型较紧凑，分蘖力较强，茎秆粗壮，叶片长短适中，挺直，叶色浓绿，叶环紫色，叶鞘紫红色。全生育期115.0d，比对照湘矮早9号短1.0～2.0d。穗长20.5cm，有效穗数424.5万穗/hm^2，穗粒数77.5粒，结实率87.5%。谷粒椭圆形，稃尖紫色，种皮白色，偶有顶芒。千粒重30.0g。

品质特性：糙米率80.0%，精米率63.3%，整精米率53.7%，直链淀粉含量19.8%，蛋白质含量8.5%，食味好，米质中上。

抗性：中抗稻瘟病，耐肥，抗倒伏。

产量及适宜地区：一般单产6 750kg/hm^2，高的可达7 500kg/hm^2。1985年以来累计推广种植面积4.7万hm^2。适宜湖南、江西等省种植。

栽培技术要点：适当早播早插，种植密度13cm×20cm，每穴栽插6～7苗。施足底肥，早施追肥。

湘早籼20（Xiangzaoxian 20）

品种来源：湖南省原子能应用研究所以84-173/IR8179-47为杂交组合，采用系谱法选育而成，原品系号为湘辐91-1。1995年通过湖南省农作物品种审定委员会审定，审定编号：湘品审第155号。

形态特征和生物学特性：属籼型常规水稻，迟熟早籼。感光性弱，感温性弱。株型较紧凑，叶片直立，剑叶角度小，茎叶浓绿，穗呈弧形，成穗率高。全生育期110.5d，比对照湘早籼1号短3d。高90.0cm，穗长22.5cm，有效穗数369万穗/hm²，穗粒数87.0粒，结实率87.0%。颖壳秆黄色，颖尖无色、无芒，种皮白色。千粒重25.7g。

品质特性：糙米率79.6%，精米率72.2%，整精米率52.7%，垩白粒率21%，垩白度3.3%，直链淀粉含量24.4%，蛋白质含量10.3%。米质达到湖南省优质稻3级标准。

抗性：中抗稻瘟病、白叶枯病，抗纹枯病。

产量及适宜地区：1993年参加湖南省早稻组区域试验，单产6 495kg/hm²，比对照湘早籼1号增产1.2%，不显著；1994年续试，单产6 855kg/hm²，比对照湘早籼1号减产2.7%，不显著。1994年生产试验平均单产6 810kg/hm²，比对照湘早籼1号增产3.07%。1995—2003年累计推广种植面积11万hm²。适宜湖南双季稻区作早稻种植。

栽培技术要点：3月下旬4月初播种，采用薄膜育秧，大田每公顷用种量112.5kg。种植密度13cm×20cm，每穴栽插5～6苗。以中肥水平种植为适宜，不要偏施氮肥，以免倒伏。注意防治病虫害。谷粒黄熟时，叶片仍为青绿色，应及时收割。

湘早籼21（Xiangzaoxian 21）

品种来源：湖南省原子能应用研究所用^{60}Co γ射线30KR与He-Ne激光复合处理水稻湘矮早7号干种子，采用系谱法选育而成，原品系号为湘辐92-1。1996年通过湖南省农作物品种审定委员会审定，审定编号：湘品审第170号。

形态特征和生物学特性：属籼型常规水稻，早熟早籼。感光性弱，感温性中等。株型较紧凑，叶片直立，宽窄适中，剑叶角度小，叶色深绿，叶鞘、叶耳均无色，穗呈弧形。全生育期104d，比对照湘早籼6号长0.7d。株高74cm，穗长19.5cm，有效穗数405万穗/hm^2，穗粒数75.0粒，结实率86.0%。颖色呈黄色，颖尖无色、无芒，种皮白色。千粒重23.0g。

品质特性：糙米粒长7.0mm，糙米长宽比2.88。糙米率80.6%，精米率73.7%，整精米率70.3%，垩白粒率14.5%，垩白度6.0%，胶稠度45.5mm，直链淀粉含量25.1%，蛋白质含量12.5%。米质达到湖南省优质稻谷3级标准。

抗性：中抗苗瘟和叶瘟，感穗颈瘟。孕穗期耐冷性强，抗旱性中等。

产量及适宜地区：1994年参加湖南省早稻组区域试验，单产6 900kg/hm^2，比对照湘早籼6号增产3.2%，显著；1995年续试，单产6 750kg/hm^2，比对照湘早籼6号增产2.0%，不显著；1995年生产试验平均单产6 285kg/hm^2，比对照湘早籼6号增产12.0%。1995—2002年累计推广种植面积19.5万hm^2。适宜湖南双季稻区作早稻种植。

栽培技术要点：3月下旬4月初播种，秧田施足基肥，采用薄膜育秧，每公顷大田用种量90kg，播种前做好种子消毒。4月底5月初，秧龄30d左右，4～5叶移栽，种植密度13cm×20cm，每穴栽插6～7苗。常规田间管理，注意防治病虫害，及时收割。

湘早籼22 （Xiangzaoxian 22）

品种来源：湖南省怀化市农业科学研究所以矮梅早3号/HA80968//浙辐802为杂交组合，采用系谱法选育而成，原品系号为怀5946-1。1996年通过湖南省农作物品种审定委员会审定，审定编号：湘品审第171号。

形态特征和生物学特性：属籼型常规水稻，早熟早籼。感光性弱，感温性弱。株型紧散适中，叶片直立，长短适中，茎叶淡绿，穗部性状好，穗呈弧形。全生育期105d，比对照湘早籼6号长2d。株高82cm，穗长21.0cm，有效穗数367.5万穗/hm²，穗粒数88.0粒，结实率82.4%。颖壳黄色，稃尖无色，偶有顶芒，种皮白色。千粒重23.5g。

品质特性：糙米长宽比2.64。糙米率79.5%，精米率69.6%，整精米率55.4%，垩白粒率8.0%，垩白度3.0%。

抗性：中抗稻瘟病。

产量及适宜地区：1994年参加湖南省早稻组区域试验，单产5 985kg/hm²，比对照浙辐802增产4.3%，极显著；1995年续试，单产6 030kg/hm²，比对照浙辐802增产3.0%，显著。1995年生产试验平均产量6 585kg/hm²，比对照浙辐802增产8.3%。1996—2003年累计推广种植面积17.3万hm²。适宜湖南双季稻区作早稻种植。

栽培技术要点：3月下旬4月初播种，采用薄膜育秧，每公顷大田用种量75 ~ 90kg，播种前做好种子消毒。稀播匀播，4 ~ 5叶移栽，种植密度13cm×20cm，每穴栽插6 ~ 7苗。秧田施足基肥，常规田间管理，注意防治纹枯病、稻纵卷叶螟和二化螟。

湘早籼23（Xiangzaoxian 23）

品种来源：湖南省株洲市农业科学研究所以湘早籼7号/浙辐9号为杂交组合，采用系谱法选育而成，原品系号为5882-3。1997年通过湖南省农作物品种审定委员会审定，审定编号：湘品审第195号。

形态特征和生物学特性：属籼型常规水稻，中熟早籼。感光性弱，感温性弱。株型适中，叶片直立，叶色浓绿，剑叶夹角小，叶鞘、叶耳、叶舌均无色，基部节间短，抗倒能力强，主蘖穗整齐。全生育期106.0d，比对照湘早籼7号早1d。株高80cm，穗长22.1cm，有效穗数375万穗/hm²，穗粒数90.0粒，结实率85.0%。颖色呈黄色，颖尖无色、无芒，种皮白色。千粒重23.5g。

品质特性：糙米率80.0%，精米率71.0%，整精米率50.0%，垩白粒率35.0%，垩白度10.0%。

抗性：中抗稻苗瘟病、叶瘟病、穗颈瘟病、白叶枯病和褐飞虱。

产量及适宜地区：1994—1995年参加湖南省早稻中熟组区域试验，平均单产6 405kg/hm²。1996—2003年累计推广种植面积7.2万hm²。适宜湖南、江西两省双季稻区作早稻种植。

栽培技术要点：3月底播种，秧田施足基肥，每公顷秧田用种量600kg，大田用种90～105kg，4～5叶移栽，种植密度13cm×20cm，每穴栽插6～7苗。常规田间管理，注意防治纹枯病、稻纵卷叶螟和二化螟。

湘早籼24（Xiangzaoxian 24）

品种来源：湖南省水稻研究所以湘早籼11/湘早籼7号为杂交组合，采用系谱法选育而成，原品系号为5-34。1997年通过湖南省农作物品种审定委员会审定，审定编号：湘品审第196号。

形态特征和生物学特性：属籼型常规水稻，中熟早籼。感光性弱，感温性较弱。株型松散适中，叶片直立，剑叶夹角小，茎叶深绿色，主蘖穗整齐，穗型中等偏大，着粒较密。全生育期108d，比对照浙辐802长3d。株高72.5cm，穗长19.9cm，有效穗数417万穗/hm^2，穗粒数88.6粒，结实率83.8%。颖色呈黄色，稃尖无色、无芒，种皮白色。千粒重24.5g。

品质特性：糙米长宽比1.4。糙米率80.5%，精米率68.3%，整精米率49.4%，垩白粒率100%，垩白度14.0%，胶稠度44.0mm，直链淀粉含量25.6%，蛋白质含量13.0%。

抗性：中抗白叶枯病，抗寒性强。

产量及适宜地区：1995年参加湖南省早稻组区域试验，单产6 458kg/hm^2，比对照湘早籼13增产6.1%，极显著；1996年续试，单产6 780kg/hm^2，比对照湘早籼13增产6.1%，达显著水平。1996年生产试验单产7 020kg/hm^2，比对照湘早籼13增产7.0%。1997—2005年累计推广种植面积4.14万hm^2。适宜湖南稻瘟病轻发区作早稻种植。

栽培技术要点：3月下旬4月初播种，采用薄膜育秧，秧田施足基肥，每公顷大田用种量75～90kg，秧田用种量525～600kg，播种前做好种子消毒。4～5叶移栽，种植密度13cm×20cm，每穴栽插6～7苗，常规田间管理，注意病虫害防治。

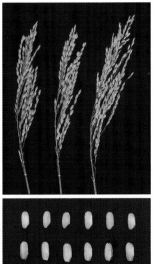

湘早籼25（Xiangzaoxian 25）

品种来源：湖南省湘潭市农业科学研究所以浙733/辐26为杂交组合，采用系谱法选育而成，原品系号为潭早籼1号。1997年通过湖南省农作物品种审定委员会审定，审定编号：湘品审第197号。

形态特征和生物学特性：属籼型常规水稻，中熟早籼。感光性弱，感温性弱。株型集散适中，叶片直立，茎叶淡绿，穗大粒多，主蘖穗整齐。全生育期112.0d，比对照湘早籼13长1d。株高90.0cm，穗长22.3cm，有效穗数375万穗/hm²，穗粒数110.0粒，结实率80.0%。颖色呈黄色，种皮白色，稃尖无色、无芒。千粒重26.5g。

品质特性：糙米粒长6.7mm，糙米长宽比2.6。糙米率83.0%，精米率68.9%，整精米率42.0%，垩白粒率100%，垩白度21.0%。

抗性：中抗稻瘟病，抗白叶枯病。

产量及适宜地区：1995年参加湖南省早稻组区域试验，单产6 270kg/hm²，比对照湘早籼13增产2.9%，不显著；1996年续试，单产7 005kg/hm²，比对照湘早籼13增产6.9%，极显著；1996年生产试验单产6 885kg/hm²，比对照湘早籼13增产7.3%。1997—2003年累计推广种植面积9.4万hm²。适宜湖南双季稻区作早稻种植。

栽培技术要点：3月下旬4月初播种，采用薄膜育秧，秧田施足基肥。每公顷秧田用种量600kg，播种前做好种子消毒，秧龄期25d左右，4～5叶移栽。种植密度13cm×20cm，每穴栽插7～8苗。常规田间管理，注意防治病虫害。

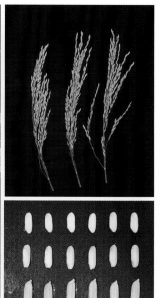

湘早籼26 （Xiangzaoxian 26）

品种来源：湖南省湘潭市农业科学研究所从湘早籼15系统选育而成，原品系号91-11。1998年通过湖南省农作物品种审定委员会审定，审定编号：湘品审第218号。

形态特征和生物学特性：属籼型常规水稻，中熟早籼。感光性弱，感温性强。株型松散适中，叶片挺直，叶色淡绿。全生育期110.0d，比对照湘早籼19短3d。株高79.0cm，穗粒数85.0粒，结实率80.0%。叶鞘和稃尖无色。千粒重27.0g。

品质特性：精米长宽比3.2。精米率74.7%，整精米率56.4%，垩白粒率36%，碱消值6级，胶稠度36mm，直链淀粉含量25.4%，蛋白质含量9.2%。

抗性：高感稻瘟病和白叶枯病。

产量及适宜地区：1996—1997年参加湖南省早稻中熟组区域试验，两年均产7 125kg/hm²。适宜湖南稻瘟病轻发区作双季早稻种植。

栽培技术要点：湖南3月底播种，每公顷秧田用种量600kg，大田用种量75kg，秧龄30d以内，4～5叶移栽。种植密度13cm×20cm，每穴栽插4～5苗。施足基肥，早施追肥。及时晒田控蘖，后期实行湿润灌溉，抽穗扬花后不要脱水过早，保证充分灌浆结实。注意防治病虫害尤其是纹枯病。

湘早籼27（Xiangzaoxian 27）

品种来源：湖南省永州市农业科学研究所从847-5品系中经系统选育而成。原品系名23-2，1998年通过湖南省农作物品种审定委员会审定，审定编号：湘品审第219号。

形态特征和生物学特性：属籼型常规水稻，迟熟早籼。感光性弱，感温性强。株型紧散适中，剑叶夹角小，叶鞘、叶耳、叶舌均无色。全生育期111.0d，比湘早籼19短2d。株高84.0cm，穗长20.0cm，穗粒数95.0粒，结实率80.0%。千粒重28.0g。

品质特性：精米长宽比3.3。精米率68.8%，整精米率42.1%，垩白粒率65.0%。

抗性：中抗稻瘟病和白叶枯病。

产量及适宜地区：1996—1997年参加湖南省早稻迟熟组区域试验，两年均产7 200kg/hm²。适宜湖南作双季早稻种植。

栽培技术要点：水育秧3月底播种为宜，每公顷大田用种量45～60kg，5叶移栽，种植密度13cm×20cm或16cm×20cm，基本苗180万苗/hm²，总苗数达375万苗/hm²左右排水晒田，注意防治稻纵卷叶螟、稻飞虱和纹枯病。

湘早籼28 (Xiangzaoxian 28)

品种来源: 湖南农业大学水稻研究所用孤雌生殖育种方法,以化学诱导剂TAM处理浙733后代,采用系谱法选育而成,原品系号为94早810。1999年通过湖南省农作物品种审定委员会审定,审定编号:湘品审第244号。

形态特征和生物学特性: 属籼型常规水稻,中熟早籼。感光性弱,感温性一般。株型较紧凑,叶片挺直,宽窄适中,茎叶淡绿色,叶下禾,主蘖穗整齐。全生育期108.4d,比对照湘早籼13长0.7d。株高84.0cm,穗长22.7cm,有效穗数376.5万穗/hm²,穗粒数100.0粒,结实率80.0%。谷粒长形,种皮白色,稃尖无色,稀间短芒。千粒重26.0g。

品质特性: 糙米粒长6.8mm,糙米长宽比3.2。糙米率80.8%,精米率68.0%,整精米率50.4%,垩白粒率16.0%,垩白度8.5%,胶稠度70.0mm,直链淀粉含量24.7%,蛋白质含量9.6%。达到湖南省优质稻米3级标准。

抗性: 抗稻苗瘟病和叶瘟病,中抗稻穗颈瘟病,苗期耐冷性强。

产量及适宜地区: 1997年参加湖南省早稻区域试验,单产7 695kg/hm²,比对照湘早籼13增产6.0%,达显著水平;1998年续试,单产6 405kg/hm²,比对照湘早籼13增产3.1%,达显著水平;1998年生产试验单产6 870kg/hm²,比对照湘早籼13增产13.5%。2000—2003年累计推广种植面积9.8万hm²。适宜长江流域双季稻区作早稻种植。

栽培技术要点: 3月底4月初播种,每公顷秧田用种量600kg,大田用种量90kg。4～5叶移栽,种植密度37.5万穴/hm²左右,每穴栽插5苗。以有机肥为主,化肥为辅,施足基肥,早施追肥。每公顷施纯氮135kg、五氧化二磷90kg、氧化钾75kg。寸水活蔸,浅水分蘖,有水孕穗,干湿壮籽。注意防治稻瘟病、白叶枯病、二化螟及稻纵卷叶螟。

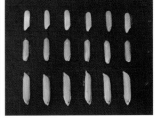

湘早籼29 （Xiangzaoxian 29）

品种来源：湖南省水稻研究所以RP2151-21-22/千红35-2为杂交组合，采用系谱法选育而成，原品系名HA91146。1999年通过湖南省农作物品种审定委员会审定，审定编号：湘品审第245号。

形态特征和生物学特性：属籼型常规水稻，中熟早籼。感光性弱，感温性中等。株叶型好，叶片直立、淡绿色，分蘖力强，叶下禾。全生育期107.0d。株高83.0cm，穗长18.0cm，穗粒数95.0粒，结实率85.0%。谷粒长形。千粒重30.0g。

品质特性：米质一般。

抗性：感稻瘟病，中抗白叶枯病。

产量及适宜地区：1997—1998年参加湖南省区域试验，两年均产7 140kg/hm²，比湘早籼13高5.9%。适宜湖南稻瘟病轻发区作双季早稻种植。

栽培技术要点：3月底4月初播种，每公顷秧田用种量600kg，秧龄25～30d，种植密度13cm×20cm，每穴栽插4～5苗。需肥量中等，每公顷施纯氮150kg、五氧化二磷90kg、氧化钾75kg，注意及时追施分蘖肥和穗肥，适时晒田控苗。注意防治稻瘟病、纹枯病、二化螟、稻纵卷叶螟及白背飞虱。

湘早籼3号 （Xiangzaoxian 3）

品种来源：湖南省水稻研究所以IR36/广解9号为杂交组合，采用系谱法选育而成，原编号为HA-79317-7。分别通过湖南省（1985）、国家（1991）农作物品种审定委员会审定，审定编号：湘品审第3号、GS01005-1990。

形态特征和生物学特性：属籼型常规水稻，中熟早籼。感光性弱，感温性中等。株型较紧凑，分蘖力较强，叶片窄而直立。全生育期110.0d，比对照湘矮早9号短4.0d。穗长21.8cm，有效穗数382.5万穗/hm²，穗粒数75.5粒，结实率80.0%。谷粒长形，稃尖无色，种皮白色、无芒。千粒重26.5g。

品质特性：米粒细长，半透明。糙米率78.5%，精米率64.3%，整精米率59.3%，垩白粒率0.2%，蛋白质含量9.1%。1985年被评为农业部优质稻米品种。

抗性：抗稻瘟病、白叶枯病，抗褐飞虱、白背飞虱、叶蝉。

产量及适宜地区：一般单产6 750～7 500kg/hm²。1984—1990年累计推广种植面积100万hm²，其中1986年推广种植面积37万hm²。适宜湖南、湖北、江西、广西、浙江等省（自治区）双季稻区种植。

栽培技术要点：适时早播，采用薄膜育秧，播种前做好种子消毒。4～5叶移栽，种植密度13cm×20cm，每穴栽插6～7苗。施足基肥，早施追肥，常规田间管理，注意苗期防止烂秧，后期及时收割防落粒。

湘早籼30（Xiangzaoxian 30）

品种来源：湖南省娄底市农业科学研究所以湘早籼3号/二九丰305为杂交组合，采用系谱法选育而成，原品系号为92-12。1999年通过湖南省农作物品种审定委员会审定，审定编号：湘品审第246号。

形态特征和生物学特性：属籼型常规水稻，迟熟早籼。感光性弱，感温性弱。株型适中，叶片直立，叶鞘紫色，成穗率高，主蘖穗整齐。全生育期107.7d，比对照湘早籼13长3.0d。株高79.1cm，穗长19.0cm，有效穗数361.5万穗/hm²，穗粒数79.2粒，结实率80.3%。种皮白色，谷长粒型，稃尖紫色。千粒重29.2g。

品质特性：糙米粒长6.3mm，糙米长宽比2.67。糙米率80.5%，精米率69.2%，整精米率43.3%，垩白粒率36.0%，垩白度14.5%，胶稠度25.8mm，直链淀粉含量23.6%，蛋白质含量8.9%。

抗性：中抗叶瘟病和穗瘟病，苗期耐冷性强，中后期抗旱性中等。

产量及适宜地区：1996年参加湖南省早稻中熟组区域试验，单产6 870kg/hm²，比对照湘早籼13增产5.5%，达显著水平；1998年续试，单产7 365kg/hm²，比对照湘早籼13增产1.5%，不显著；1998年生产试验平均产量7 350kg/hm²，比对照湘早籼13增产8.9%。1999—2005年累计推广种植面积5万hm²。适宜长江流域双季稻区作早稻种植。

栽培技术要点：3月底4月初播种，每公顷秧田用种量750kg，大田用种量97.5kg。4～5叶移栽，种植密度13cm×20cm，基本苗195万苗/hm²。每公顷施纯氮135kg、五氧化二磷90kg、氧化钾75kg，70%的肥料作基肥施用。注意及时晒田，后期不宜过早脱水。注意防治白叶枯病、稻纵卷叶螟及稻飞虱。

湘早籼31 (Xiangzaoxian 31)

品种来源：湖南省水稻研究所以85-183/舟903为杂交组合，采用系谱法选育而成，原品系名丰优早11。分别通过湖南省（2000）和江西省（2002）农作物品种审定委员会审定，审定编号：湘品审第265号、赣审稻2002007。

形态特征和生物学特性：属籼型常规水稻，中熟早籼。感光性弱，感温性中等。株型较紧凑，叶片较厚较挺，落色好。分蘖力强。全生育期107.0d。株高82.5cm，穗型中等，穗粒数70.0粒，结实率85.0%。谷粒长形。千粒重24.0g。

品质特性：精米长6.6mm，长宽比3.1。糙米率79.0%，整精米率53.0%，垩白粒率66%，垩白度9.9%，胶稠度82mm，直链淀粉含量14.7%。

抗性：较耐肥，抗倒伏，感稻瘟病，中感白叶枯病，苗期抗寒性较差。

产量及适宜地区：1998—1999年参加湖南省早稻中熟组区域试验，两年均产6 225kg/hm²，比湘早籼19减产5.4%。适合湖南、江西两省稻瘟病轻发区作早稻栽培。

栽培技术要点：3月底播种，每公顷秧田用种量495～555kg，大田用种量45～60kg。秧龄不超过30d。5～6叶移栽，每穴栽插7～8苗，基本苗225万苗/hm²。宜采用氮、磷、钾肥配方施肥，以有机肥为主，施足基肥，早施分蘖肥，酌施壮苞肥和壮籽肥。前期浅水分蘖，中期够苗晒田，后期以湿润灌溉为主，不宜晒田过重脱水过早，注意防治稻瘟病和纹枯病。

湘早籼32 (Xiangzaoxian 32)

品种来源：湖南省水稻研究所以湘早籼11/湘早籼17为杂交组合，采用系谱法选育而成，原品系名丰优早12。2001年通过湖南省农作物品种审定委员会审定，审定编号：湘品审第304号。

形态特征和生物学特性：属籼型常规水稻，中熟早籼。感光性弱，感温性中等。株型松散适中，分蘖力中等，抽穗整齐，灌浆成熟快。全生育期106.0d。株高78.0cm，有效穗数375万穗/hm²，穗粒数94.0粒，结实率87.4%。千粒重26.0g。

品质特性：精米长5.4mm，长宽比2.1。糙米率81.1%，精米率74.0%，整精米率60.4%，垩白粒率100.0%，垩白度35.0%，直链淀粉含量23.7%，蛋白质含量12.6%。

抗性：高感稻瘟病，感白叶枯病。

产量及适宜地区：1999—2000年参加湖南省早稻中熟组区域试验，两年均产6 765kg/hm²，比对照湘早籼13增产6.2%。适宜湖南稻瘟病、白叶枯病轻发区作双季早稻种植。

栽培技术要点：3月下旬播种，每公顷大田用种量75～90kg。及时炼苗，切忌盖膜过久造成秧苗老化。4月下旬移栽，秧龄控制在30d内。基本苗180万苗/hm²。施肥管理上采用"促前攻中稳后"的原则，施足底肥，早施分蘖肥，适施壮苞肥。一般每公顷基施栏粪1 000kg、磷肥600kg、碳酸氢铵225kg，追施尿素150kg、钾肥112.5kg；并根据苗情酌施壮苞肥和壮粒肥。前期浅水促分蘖，中后期间歇灌溉，切忌脱水过早。注意加强稻瘟病和白叶枯病的防治。

湘早籼33 （Xiangzaoxian 33）

品种来源：湖南省农业大学水稻研究所以怀5882-5/超丰早1号为杂交组合，采用系谱法选育而成，原品系名97早20。2001年通过湖南省农作物品种审定委员会审定，审定编号：湘品审第305号。

形态特征和生物学特性：属籼型常规水稻，中熟早籼。感光性弱，感温性中等。株型较紧凑，叶色淡绿，叶下禾，抽穗整齐，灌浆速度快，不早衰，分蘖力强，成穗率高。全生育期108.0d。株高89.0cm，有效穗数375万穗/hm^2，穗粒数100.0粒，结实率85.0%。千粒重26.0g。

品质特性：精米长宽比2.6。整精米率51.5%，垩白粒率36%，垩白度12.7%，胶稠度33mm，直链淀粉含量25.8%。

抗性：耐肥，抗倒伏，易感稻瘟病，中抗白叶枯病。

产量及适宜地区：1999—2000年参加湖南省早稻中熟组区域试验，平均单产6 855kg/hm^2，比对照湘早籼13增产6.7%。适宜湖南稻瘟病轻发区作双季早稻种植。

栽培技术要点：3月底4月初播种，每公顷秧田用种量600kg，大田用种量90kg。4～5叶移栽，基本苗180万苗/hm^2。施肥以有机肥为主，化肥为辅，基肥用量占70%，每公顷施纯氮135kg、五氧化二磷90kg、氧化钾75kg。管水原则为寸水活蔸、浅水分蘖、有水孕穗、干湿壮籽。前期注意防治二化螟、稻纵卷叶螟，中后期注意防治稻瘟病和纹枯病。

湘早籼37（Xiangzaoxian 37）

品种来源：湖南省水稻研究所以中鉴100//湘早籼3号/泸红早1号为杂交组合，采用系谱法选育而成，原品系名湘丰早119。2003年通过湖南省农作物品种审定委员会审定，审定编号：湘审稻XS002-2003。

形态特征和生物学特性：属籼型常规水稻，中熟早籼。感光性弱，感温性中等。株型松散适中，茎秆坚韧，叶色淡绿，抽穗整齐，叶下禾，后期落色好。全生育期108.0d。株高90.0cm，穗粒数108.0粒，结实率82.7%。千粒重27.4g。

品质特性：精米长宽比2.6。糙米率82.5%，精米率68.7%，整精米率40.5%，垩白粒率98%，垩白度51.4%，透明度3级，碱消值4.8级，胶稠度36mm，直链淀粉含量24.2%，蛋白质含量13.3%。

抗性：苗期耐寒性较强，高感稻瘟病，中感白叶枯病。

产量及适宜地区：2001—2002年湖南省区域试验，平均单产6 675kg/hm²，比对照湘早籼13增产1.8%，日产量61.5kg/hm²。适宜湖南稻瘟病轻发区作双季早稻种植。

栽培技术要点：3月底播种，每公顷秧田用种量450～600kg，大田用种量60～75kg，浸种时做好种子消毒处理。秧龄30d以内，4～5叶移栽，种植密度16cm×20cm，每穴栽插5～6苗。施肥原则以有机基肥为主，前期重施追肥，后期看苗酌情补肥，一般每公顷施纯氮150kg、五氧化二磷90kg、氧化钾120kg。注意病虫害的及时防治，重点防治螟虫和稻瘟病。

湘早籼38（Xiangzaoxian 38）

品种来源：湖南省水稻研究所、湖南金健米业股份有限公司以龚品6-29/95早鉴109为杂交组合，采用系谱法选育而成，原品系号为湘早143。分别通过湖南省（2004）和国家（2005）农作物品种审定委员会审定，审定编号：湘审稻2004001、国审稻2005004。

形态特征和生物学特性：属籼型常规水稻，中熟早籼。感光性弱。株型前期较散，后期紧凑，叶片挺直而厚，剑叶较短，落色好，不落粒。全生育期108.0d。株高77.5cm，有效穗数367.5万穗/hm^2，穗粒数100.0粒，结实率81.5%。千粒重26.9g。

品质特性：精米长宽比3.6。糙米率79.2%，精米率69.4%，整精米率57.6%，垩白粒率19.5%。2002年被评为湖南省优质稻3级标准。

抗性：高抗稻瘟病，高感白叶枯病。

产量及适宜地区：2002年湖南省区域试验，单产6 555kg/hm^2，比对照湘早籼13减产1.4%，不显著；2003年续试，单产6 405kg/hm^2，比对照湘早籼13增产1.3%，不显著。两年区域试验单产6 480kg/hm^2，较对照湘早籼13减产0.1%，日产量58.5kg/hm^2。适宜湖南作双季早稻种植。

栽培技术要点：湘中3月底播种，湘南可适当提早，湘北适当推迟。每公顷秧田用种量525 ~ 600kg，大田用种量75 ~ 90kg。秧龄30d以内，4 ~ 5叶移栽。种植密度13cm×20cm或16cm×20cm，每穴栽插4 ~ 5苗。注意防治病虫害尤其是纹枯病。

湘早籼39 (Xiangzaoxian 39)

品种来源：湖南省水稻研究所以湘早籼19/湘早籼24为杂交组合，采用系谱法选育而成，原品系名99早677。2004年通过湖南省农作物品种审定委员会审定，审定编号：湘审稻2004002。

形态特征和生物学特性：属籼型常规水稻，迟熟早籼。感光性弱，感温性中等。株型松散适中，叶色深绿。全生育期111.5d。株高87.5cm，有效穗数322.5万穗/hm²，穗粒数115.0粒，结实率85.0%。千粒重25.5g。

品质特性：精米长宽比为2.2。糙米率80.5%，精米率70.7%，整精米率52.4%，垩白粒率100.0%。

抗性：高感稻瘟病，中抗白叶枯病。

产量及适宜地区：2002年湖南省早稻区域试验，平均单产7 395kg/hm²，比对照湘早籼19增产1.2%，不显著；2003年续试单产7 080kg/hm²，比对照金优402增产3.9%，显著。两年区域试验均产7 245kg/hm²，日产量64.5kg/hm²。适宜湖南稻瘟病轻发区作双季早稻种植。

栽培技术要点：湖南省作早稻种植宜3月底播种，4～5叶移栽。每公顷秧田用种量450～600kg，大田用种量90kg，种植密度13cm×20cm或16cm×20cm，基本苗150万苗/hm²。本田施足基肥，早施分蘖肥，本田每公顷施纯氮187.5kg，浅水分蘖，够苗晒田，足水抽穗，干湿壮籽。及时防治病虫害。

湘早籼4号（Xiangzaoxian 4）

品种来源：湖南省水稻研究所以湘矮早9号//竹莲矮/竹系26为杂交组合，采用系谱法选育而成，原编号为82-469。1987年通过湖南省农作物品种审定委员会审定，审定编号：湘品审第19号。

形态特征和生物学特性：属籼型常规水稻，中熟早籼。感光性弱，感温性中等。株型松紧适中，分蘖力强，茎秆较硬，抗倒性好，叶片直立卷曲，稃尖无色，种皮白色。全生育期108.5d，比对照原丰早短1～2d。株高80.0cm左右，穗长19.1cm，有效穗数432万穗/hm²，穗粒数62.5粒，结实率86.0%。千粒重26.8g。

品质特性：糙米率80.0%，精米率69.6%，整精米率57.3%，直链淀粉含量20.2%，蛋白质含量8.2%。米质中等。

抗性：不抗稻瘟病，耐肥，抗倒伏，苗期耐冷性强。

产量及适宜地区：1985年参加湖南省早稻组区域试验，单产6 240kg/hm²，比对照原丰早增产9.9%，极显著；1986年续试，单产6 885kg/hm²，比对照原丰早增产13.5%，极显著。1987年以来累计推广种植面积6.1万hm²。适宜湖南、江西、广西等省（自治区）双季稻区作早稻种植。

栽培技术要点：适时早播。4.5～5.0叶移栽，种植密度13cm×20cm，每穴栽插5苗。施足基肥，早追肥。生育期间及时防治病虫害。

湘早籼40（Xiangzaoxian 40）

品种来源：湖南省水稻研究所将油菜总DNA导入到水稻三系保持系优1B中经多代选育而成，原品系名为硕丰2号。2005年通过湖南省农作物品种审定委员会审定，审定编号：湘审稻2005002。

形态特征和生物学特性：属籼型常规水稻，中熟早籼。感光性弱，感温性中等。株型适中，叶色较深，叶片厚直，分蘖力中等，抽穗整齐，落色好。全生育期104.0d。株高74.0cm，有效穗数345万穗/hm^2，穗粒数99.1粒，结实率82.2%。颖尖红色、无芒。千粒重26.0g。

品质特性：精米粒长6.8mm，长宽比3.2。糙米率81.3%，精米率73.6%，整精米率58.6%，垩白粒率17%，垩白度1.1%，透明度3级，碱消值6.8级，胶稠度83mm，直链淀粉含量12.6%，蛋白质含量11.7%。

抗性：感稻瘟病和白叶枯病。

产量及适宜地区：2003年湖南省区域试验，平均单产6 300kg/hm^2，比对照湘早籼13增产0.4%，不显著，日产量60.0kg/hm^2，比对照湘早籼13高0.1kg；2004年续试，单产7 215kg/hm^2，比对照湘早籼13增产11.0%，极显著，日产量69.0kg/hm^2，比对照湘早籼13高0.6kg。两年区域试验均产6 165kg/hm^2，比对照湘早籼13增产5.4%，日产量64.5kg/hm^2，比对照湘早籼13高0.3kg。适宜湖南稻瘟病轻发区作双季早稻种植。

栽培技术要点：3月底播种，每公顷秧田用种量600kg，大田用种量75kg。4月底之前移栽，秧龄控制在30d以内，种植密度16cm×20cm，每穴栽插5苗。施足底肥，早施追肥，一般每公顷施尿素120kg左右，配合磷钾肥施用。后期湿润灌溉，抽穗扬花后不要脱水过早。注意防治稻瘟病及螟虫，尤其是稻纵卷叶螟。

湘早籼41 (Xiangzaoxian 41)

品种来源：湖南省水稻研究所以塘丝占/红突31为杂交组合，采用系谱法选育而成，原品系名创丰1号。2005年通过湖南省农作物品种审定委员会审定，审定编号：湘审稻2005003。

形态特征和生物学特性：属籼型常规水稻，迟熟早籼。感光性弱，感温性中等。株型较紧凑，茎秆坚韧，叶片较厚，叶鞘、叶耳、叶缘均无色，稃尖无色、无芒，熟期落色好，不落粒。全生育期112.0d。株高86.0cm，有效穗数399万穗/hm²，穗粒数87.3粒，结实率84.7%。千粒重28.1g。

品质特性：精米粒长6.4mm，长宽比2.6。糙米率82.1%，精米率72.3%，整精米率60.5%，垩白粒率96%，垩白度34.4%，透明度3级，碱消值6.2级，胶稠度66mm，直链淀粉含量27.7%，蛋白质含量9.3%。

抗性：抗倒伏，中感稻瘟病和白叶枯病。

产量及适宜地区：2003年湖南省区域试验，单产7 305kg/hm²，比对照金优402增产3.9%，不显著，日产量64.5kg/hm²，比对照金优402高0.2kg；2004年续试，单产7 665kg/hm²，比对照金优402增产4.6%，不显著，日产量69.0kg/hm²，比对照金优402高0.3kg。两年区域试验均产7 485kg/hm²，比对照金优402增产4.3%，日产量67.5kg/hm²，比对照金优402高0.2kg。适宜在湖南稻瘟病轻发区作双季早稻种植。

栽培技术要点：湘中3月25日左右播种，湘南可适当提早1～2d，湘北可适当推迟1～2d。每公顷秧田用种量450～525kg，大田用种量60～75kg。秧龄30d，4～5叶移栽，种植密度16cm×20cm，每穴栽插4～5苗。施肥以基肥与前期追肥为主。中等肥力稻田一般每公顷施纯氮150kg、五氧化二磷90kg、氧化钾105kg。及时晒田控蘖，后期不宜脱水过早。注意防治病虫害，尤其是稻瘟病和纹枯病。

湘早籼42 （Xiangzaoxian 42）

品种来源：湖南省水稻研究所、湖南金健米业股份有限公司以冯9/丰优早11为杂交组合，采用系谱法选育而成，原品系名为丰优早16。2006年通过湖南省农作物品种审定委员会审定，审定编号：湘审稻2006001。

形态特征和生物学特性：属籼型常规水稻，中熟早籼。感光性弱，感温性中等。株型适中，分蘖力强，繁茂性好，剑叶直立，穗型中等，抗倒性好。全生育期107.0d。株高83.0cm，有效穗数367.5万穗/hm²，穗粒数88.5粒，结实率88.3%。谷粒长形，后期落色好。千粒重26.1g。

品质特性：精米粒长6.9mm，长宽比3.4。糙米率80.6%，精米率72.7%，整精米率69.4%，垩白粒率10%，垩白度1.5%，透明度2级，碱消值3.0级，胶稠度86mm，直链淀粉含量11.7%，蛋白质含量9.6%。

抗性：高感稻瘟病，感白叶枯病。

产量及适宜地区：2004年湖南省区域试验，单产6 735kg/hm²，比对照湘早籼13增产3.5%，不显著；2005年续试，单产6 975kg/hm²，比对照湘早籼13增产3.4%，不显著。两年区域试验单产6 855kg/hm²，比对照湘早籼13增产3.3%，日产量64.5kg/hm²，比对照湘早籼13高0.1kg。适宜湖南稻瘟病轻发区作双季早稻种植。

栽培技术要点：湘中宜于3月26～28日播种，湘北略迟2d。每公顷大田用种量75kg，4月30日前移栽完毕，秧龄30d，种植密度13cm×20cm，每穴栽插5～6苗。前期以有机肥为主，施足基肥，早施、重施追肥，促进分蘖，后期酌施壮苞肥及壮籽肥。前期浅水促分蘖，中后期保持湿润。苗期、分蘖盛期和抽穗破口期加强对稻瘟病的预防。同时注意防治纹枯病和白叶枯病。

湘早籼43（Xiangzaoxian 43）

品种来源：湖南省水稻研究所用花粉管通道法将超甜玉米DNA导入湘早籼21获得分离群体，采用系谱法选育而成。2006年通过湖南省农作物品种审定委员会审定，审定编号：湘审稻2006002。

形态特征和生物学特性：属籼型常规水稻，迟熟早籼。株型松散适中，分蘖力较强，茎秆粗壮，穗大粒多，熟期落色好。全生育期112.0d。株高87.0cm，有效穗数312万穗/hm²，穗粒数113.1粒，结实率78.3%。谷壳金黄色，部分籽粒有短芒。千粒重30.4g。

品质特性：精米粒长6.8mm，长宽比2.7。糙米率81.8%，精米率75.5%，整精米率51.0%，垩白粒率100%，垩白度15.8%，透明度3级，碱消值5.0级，胶稠度42mm，直链淀粉含量22.0%，蛋白质含量10.6%。

抗性：耐肥，抗倒伏，高感稻瘟病，中感白叶枯病。

产量及适宜地区：2003年湖南省区域试验，单产7 305kg/hm²，比对照金优402增产3.9%，不显著；2004年续试，单产7 320kg/hm²，比对照金优402减产0.1%，不显著。两年区域试验均产7 305kg/hm²，比对照金优402高1.8%，日产量66.0kg/hm²，比对照金优402高0.1kg。适宜湖南稻瘟病轻发区作双季早稻种植。

栽培技术要点：3月28日左右播种，每公顷秧田用种量600kg，大田用种量75kg。秧龄30d左右，4月底以前移栽，种植密度13cm×20cm，基本苗150万苗/hm²。以有机肥作底肥，每公顷追施尿素约150kg，配合磷、钾肥施用。注意及时晒田。注意防治病虫害，特别是稻瘟病。

湘早籼44 （Xiangzaoxian 44）

品种来源：湖南农业大学以264-7大豆DNA浸糙米，采用系谱法选育而成。2007年通过湖南省农作物品种审定委员会审定，审定编号：湘审稻2007001。

形态特征和生物学特性：属籼型常规水稻，迟熟早籼。感光性弱，感温性中等。株型较紧凑，剑叶较长且直立，叶鞘、稃尖均无色，落色好。全生育期110.0d，株高88.0cm，有效穗数300万穗/hm²，穗粒数122.3粒，结实率81.6%。千粒重25.3g。

品质特性：精米粒长6.2mm，长宽比2.8。糙米率81.5%，精米率74.0%，整精米率59.6%，垩白粒率12%，垩白度1.7%，透明度2级，碱消值7.0级，胶稠度42mm，直链淀粉含量25.0%，蛋白质含量9.6%。

抗性：高感稻瘟病，中感白叶枯病。

产量及适宜地区：2004年湖南省区域试验，单产7 305kg/hm²，比对照金优402减产0.2%，不显著；2005年续试，单产7 320kg/hm²，比对照金优402增产1.2%，不显著。两年区域试验均产7 320kg/hm²，比对照金优402增产0.5%，日产量67.5kg/hm²，比对照金优402高0.1kg。适宜湖南双季稻区作早稻种植。

栽培技术要点：湘南3月20日播种，湘中、湘北可适当推迟2～4d播种，每公顷秧田用种量375kg，大田用种量60kg。秧龄30d，种植密度13cm×20cm或16cm×20cm，每穴栽插4苗。基肥足，追肥速，中期补，氮、磷、钾结合施用，适当增加磷、钾肥用量。深水活蔸，浅水分蘖，及时晒田，有水壮苞抽穗，后期干干湿湿，不宜脱水过早。注意防治病虫害，特别是稻瘟病。

湘早籼45（Xiangzaoxian 45）

品种来源：湖南省益阳市农业科学研究所以舟优903/浙辐504为杂交组合，采用系谱法选育而成，原品系号益早9758。2007年通过湖南省农作物品种审定委员会审定，审定编号：湘审稻2007002。

形态特征和生物学特性：属籼型常规水稻，中熟早籼。感光性弱，感温性中等。株型松紧适中，茎秆较粗且弹性好，叶片厚实挺直，落色好，不落粒。全生育期106.0d。株高82.5cm，有效穗数352.5万穗/hm²，穗粒数105.0粒，结实率85.3%。千粒重25.3g。

品质特性：精米粒长6.7mm，长宽比3.4。糙米率81.5%，精米率74.3%，整精米率68.5%，垩白粒率20.0%，垩白度3.7%，透明度2级，碱消值7.0级，胶稠度60mm，直链淀粉含量14.5%，蛋白质含量10.9%。

抗性：高感稻瘟病，感白叶枯病。

产量及适宜地区：2005年湖南省区域试验，单产7 500kg/hm²，比对照湘早籼13增产10.6%，极显著；2006年续试，单产7 650kg/hm²，比对照两优819增产3.1%，不显著。两年区域试验均产7 575kg/hm²，比对照湘早籼13增产6.8%，日产量72.0kg/hm²，比对照湘早籼13高0.28kg。适宜湖南稻瘟病轻发区作双季早稻种植。

栽培技术要点：一般3月下旬播种，软盘抛栽秧3月22～25日播种。每公顷秧田用种量525～600kg，大田用种量75～90kg。抛栽秧龄短于30d，4.5叶移栽。基本苗150万～180万苗/hm²。中等肥力田块，以每公顷施纯氮135～150kg为宜，施足基肥，早施追肥，及时晒田控蘖，做到有水抽穗，干湿壮籽，防止脱水死秆。注意稻瘟病的防治。

湘早籼46 （Xiangzaoxian 46）

品种来源：湖南省贺家山原种场以嘉早324/早50为杂交组合，采用系谱法选育而成。2009年通过湖南省农作物品种审定委员会审定，审定编号：湘审稻2009002。

形态特征和生物学特性：属籼型常规水稻，迟熟早籼。感光性弱，感温性中等。株型前期较散，后期紧凑，叶片挺直而厚，剑叶较长，落色好。全生育期110.0d。株高87.0cm，有效穗数322.5万穗/hm²，穗粒数143.0粒，结实率82.5%。千粒重27.3g。

品质特性：精米长宽比3.3。糙米率80.4%，精米率72.0%，整精米率66.0%，垩白粒率43.0%，垩白度6.8%，透明度1级，碱消值7.0级，胶稠度78.0mm，直链淀粉含量16.2%，蛋白质含量9.9%。

抗性：中感白叶枯病。

产量及适宜地区：2007年湖南省区域试验，单产8 145kg/hm²，比对照金优402增产6.9%，极显著；2008年续试，单产8 250kg/hm²，比对照金优402增产1.1%，不显著。两年区域试验单产8 205kg/hm²，比对照金优402增产4.0%，日产量73.5kg/hm²，比对照金优402高0.3kg。适宜湖南稻瘟病轻发区作双季早稻种植。

栽培技术要点：湘中3月底播种，湘南可适当提早，湘北适当推迟。每公顷秧田用种量525～600kg，大田用种量75～90kg，秧龄30d，4～5叶移栽。种植密度13cm×20cm，每穴栽插4～5苗。施足基肥，早施追肥。及时晒田控蘖，后期实行湿润灌溉，抽穗扬花后不宜脱水过早，保证充分灌浆结实。注意防治病虫害特别是纹枯病。

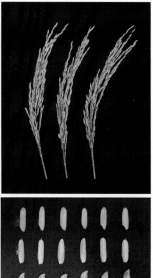

湘早籼5号 （Xiangzaoxian 5）

品种来源：湖南省岳阳市农业科学研究所在红410突变后代中，经多代系统筛选而成，原编号为82-61-40。1988年通过湖南省农作物品种审定委员会审定，审定编号：湘品审第32号。

形态特征和生物学特性：属籼型常规水稻，中熟早籼。感光性弱，感温性中等。株型较紧凑，叶片直立，茎秆粗壮，叶色浓绿，叶鞘紫色。全生育期109.0d，比对照原丰早短1.0d。株高75.0cm，穗长17.0cm，有效穗数397.5万穗/hm²，穗粒数52.6粒，结实率85.0%。种皮白色，无芒。千粒重29.0g。

品质特性：蛋白质含量9.3%，1985年在湖南省第二次优质米评选中被评为优质稻米品种。

抗性：中抗稻瘟病，不抗褐飞虱，耐肥，抗倒伏。

产量及适宜地区：1986年参加湖南省早稻组区域试验，单产6 795kg/hm²，比对照原丰早增产9.1%，极显著；1987年续试，单产7 080kg/hm²，比对照原丰早增产14.5%，极显著。1988年以来累计推广种植面积4.5万hm²。适宜湖南省各地种植。

栽培技术要点：3月下旬4月初播种，采用薄膜育秧，播种前做好种子消毒，防止恶苗病。5.5～6.0叶移栽，种植密度13cm×20cm，每穴栽插5苗。施足有机底肥，看苗施壮籽肥。全生育期注意防治病虫害。

湘早籼6号（Xiangzaoxian 6）

品种来源：湖南省沅江市农业科学研究所以湘矮早9号/莲塘早为杂交组合，采用系谱法选育而成，原名为益早3号。1989年通过湖南省农作物品种审定委员会审定，审定编号：湘品审第54号。

形态特征和生物学特性：属籼型常规水稻，早熟早籼。感光性弱，感温性中等。株型前期松散，后期较紧凑，茎秆坚韧，叶色深绿。叶鞘、稃尖紫色，穗呈弧形，穗较大。全生育期103.0d，比对照二九青长1.0d。株高75.0cm，穗长16.5cm，有效穗数420万穗/hm²，穗粒数68.5粒，结实率87.0%。谷粒椭圆形，谷壳较薄，易脱粒，种皮白色。千粒重21.5g。

品质特性：糙米率80.5%，精米率72.2%，整精米率50.3%，垩白粒率90.0%，垩白度29.0%，蛋白质含量12.0%。

抗性：不抗稻瘟病和白叶枯病，耐肥，抗倒伏。

产量及适宜地区：1987年参加湖南省早稻组区域试验，单产为6 135kg/hm²，比对照二九青增产6.8%，极显著；1988年续试，单产6 315kg/hm²，比对照二九青增产14.8%，极显著。1989年以来累计推广种植面积140万hm²。适宜湖南省各地种植。

栽培技术要点：稀播壮秧，适时早插，4.0～4.5叶龄移栽。适当密植，种植密度13cm×20cm或16cm×20cm，每穴栽插4苗。施足底肥，早施追肥。加强中后期病虫害防治及管理工作，成熟时及时收割。

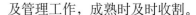

湘早籼7号（Xiangzaoxian 7）

品种来源：湖南省怀化市农业科学研究所以湘矮早9号/竹莲矮//IR36/广解9号为杂交组合，采用系谱法选育而成，原名怀早4号。分别通过湖南省（1989）、安徽省（1994）、国家（1996）农作物品种审定委员会审定，审定编号：湘品审第55号、皖品审94010128、GS01002-1995。

形态特征和生物学特性：属籼型常规水稻，中熟早籼。感光性弱，感温性中等。株型较紧凑，叶片挺直，根系发达，抽穗整齐，不早衰。全生育期106.0d。株高78.0cm，穗长22.6cm，有效穗数382.5万穗/hm²，穗粒数80.0粒，结实率85.0%。粒形椭圆，谷壳秆黄色，稃尖无色、无芒，种皮白色。千粒重23.0g。

品质特性：糙米率80.9%，精米率74.4%，整精米率63.6%，基本无垩白，胶稠度70.0mm，直链淀粉含量25.2%，蛋白质含量9.4%。

抗性：中抗稻瘟病、白叶枯病、褐飞虱，易感纹枯病，苗期耐寒力强。

产量及适宜地区：1987—1992年先后6年参加湖南省、南方稻区、安徽省等133点次区域试验，单产6 330kg/hm²，比二九青、浙辐802、竹系26、二九丰等对照品种增产9.2%。1989年以来累计推广种植面积182.4万hm²。适宜长江中下游白叶枯病轻发稻区种植。

栽培技术要点：3月下旬4月初播种，稀播壮秧，秧龄期25～30d，种植密度13cm×20cm，每穴栽插4苗。施足底肥，早追肥。及时防治纹枯病。

湘早籼8号（Xiangzaoxian 8）

品种来源：湖南农业大学以湘矮早9号为材料，采用He-Ne激光照射诱发突变株选育而成，原编号84-265。1989年通过湖南省农作物品种审定委员会审定，审定编号：湘品审第56号。

形态特征和生物学特性：属籼型常规水稻，中熟早籼。感光性弱，感温性弱。株型松散适中，茎秆坚韧，叶片直立，叶色淡绿。全生育期109.0d，比对照湘早籼4号短0.5d。株高85.0cm，穗长18.0cm，有效穗数412.5万穗/hm²，穗粒数63.2粒，结实率85.0%。颖色及颖尖均无色，种皮白色，无芒。千粒重25.0g。

品质特性：糙米率81.0%，精米率70.1%，整精米率60.0%，垩白粒率50.0%，垩白度1.0%。米质中上，食味佳。

抗性：中抗稻瘟病，不抗白叶枯病，苗期耐冷性强。

产量及适宜地区：1987年参加湖南省早稻组区域试验，单产6 510kg/hm²，比对照湘早籼4号增产4.5%，极显著；1988年续试，单产7 035kg/hm²，比对照湘早籼4号增产4.6%，极显著。1989年以来累计推广种植面积5.3万hm²。适宜湖南省各地种植。

栽培技术要点：稀播壮秧，4.0～4.5叶移栽。种植密度13cm×20cm，每穴栽插4苗。施足底肥，早施追肥。及时防治病虫害。

湘早籼9号 （Xiangzaoxian 9）

品种来源：湖南省郴州市农业科学研究所以红突5号为材料，经⁶⁰Coγ处理选育而成，原编号84-454-2。1989年通过湖南省农作物品种审定委员会审定，审定编号：湘品审第60号。

形态特征和生物学特性：属籼型常规水稻，中熟早籼。感光性弱，感温性弱。株型松散适中，茎秆坚韧，苗期叶色浓绿，叶鞘无色，叶片较长，稍扭曲。全生育期108.0d。株高80.0cm，穗长20.0cm，有效穗数435万穗/hm^2，穗粒数83.0粒，结实率90.0%。种皮白色，稃尖无色，偶有顶芒或短芒。千粒重23.0g。

品质特性：糙米粒长8.2mm，糙米长宽比3.0，食味中等。

抗性：抗稻瘟病弱，耐肥，抗倒伏。

产量及适宜地区：1987年参加湖南省早稻组区域试验，单产7 079kg/hm^2，比对照湘早籼4号增产7.5%，极显著；1988年续试，单产6 825kg/hm^2，比对照湘早籼4号增产3.3%，极显著。1989年以来累计推广种植面积2.0万hm^2。适宜湖南各地种植。

栽培技术要点：3月底4月初播种，采用薄膜育秧。播种前做好种子消毒。大田每公顷用种量75～90kg，稀播育壮秧，秧龄30d以内，基本苗225万苗/hm^2。施足基肥，每公顷施纯氮150～225kg，氮、磷、钾以2∶1∶1.5为宜。浅水勤灌，适时露田，后期不宜脱水过早，以利养根保叶。及时防治病虫害，破口抽穗期宜喷药1～2次，预防稻穗颈瘟病。

湘州5号（Xiangzhou 5）

品种来源：湖南省水稻研究所以珍龙13/Tetep为杂交组合，采用系谱法选育而成。1985年通过湖南省农作物品种审定委员会认定，认定编号：湘品审（认）第55号。

形态特征和生物学特性：属籼型常规水稻，中熟早籼。株型松紧适中，茎秆粗壮，分蘖力中等。叶片较宽，直立，剑叶角度小，叶上禾。全生育期120.0～125.0d。株高100.0cm左右，穗粒数120.0粒，结实率80.0%。谷粒椭圆形，稃尖无色、无芒。千粒重25.0～27.0g。

品质特性：米质中等。

抗性：高抗稻瘟病，中抗白叶枯病，耐旱力强。

产量及适宜地区：一般单产6 000kg/hm²左右，1982—1989年累计推广种植面积4.7万hm²。1983年被农业部列为长江中下游地区推广的抗稻瘟病品种，曾推广至15个省份，以武陵山区推广时间较长。

栽培技术要点：适时早播早插，稀播壮秧，秧龄不超过30d。种植密度13cm×20cm，每穴栽插3～4苗。施足基肥，早追肥，及时收割，避免穗上芽。

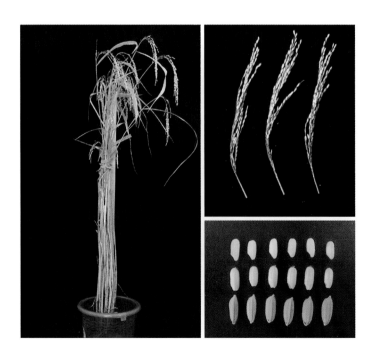

早原丰-3（Zaoyuanfeng-3）

品种来源：湖南省汉寿县农业科学研究所从早原丰种系统选育而成。1986年经常德市农作物品种审定小组认定。1990年4月益阳市农作物品种审定小组再次认定。

形态特征和生物学特性：属籼型常规水稻，早熟早籼。感光性弱，感温性强。全生育期93.0～98.0d。株高74.0～79.0cm，穗粒数76.0～88.0粒。千粒重24.0g。

品质特性：米质一般。

抗性：抗稻瘟病和稻纵卷叶螟。

产量及适宜地区：一般单产4 950～5 250kg/hm²。1989—1990年湖南省累计推广种植面积4.9万hm²，适宜湖南双季稻区作早稻种植。

栽培技术要点：作早稻3月底4月初播种，秧龄30d以内，作倒种春7月20日播种，秧龄10d左右，宜种植在中等肥力田，施肥以基肥为主，早施追肥，后期不追肥，以防贪青晚熟。注意防治纹枯病。

第三节　常规中稻品种

桂武占（Guiwuzhan）

品种来源：湖南省水稻研究所以桂矮占/武冈500粒为杂交组合，1963年选育而成。

形态特征和生物学特性：属常规籼型水稻，中熟中籼。株型紧凑，叶片挺直，叶色较浓绿，剑叶角度小，叶下禾。全生育期120.0d。株高80.0～90.0cm，穗粒数65.0～70.0粒，结实率85.0%，谷粒椭圆形。千粒重25.0～26.0g。

品质特性：糙米率78.0%，米质较好。

抗性：抗病性较弱。

产量及适宜地区：一般单产6 000kg/hm²，高的可达7 500kg/hm²，主要分布在湘西、湘南丘陵山区，其次是湘北。1969年湖南全省累计推广种植面积达到2.7万hm²。

栽培技术要点：注意避开7月底8月初高温季节抽穗扬花，以提高结实率。

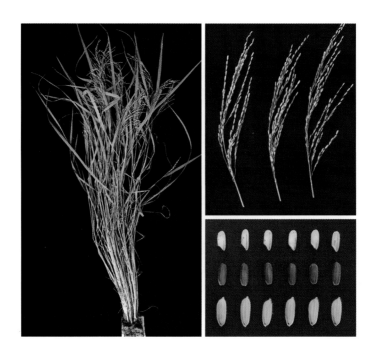

湘中籼1号（Xiangzhongxian 1）

品种来源：湖南省湘西自治州农业科学研究所以珍龙13/Tetep为杂交组合，采用系谱法选育而成，原品系号为湘州6号。1985年通过湖南省农作物品种审定委员会审定，审定编号：湘品审第6号。

形态特征和生物学特性：属籼型常规水稻，迟熟中籼。感光性弱，感温性强。株型适中，分蘖力中等，茎秆粗壮。叶片长而直立，叶片角度小，叶上禾。全生育期128.0～135.0d。株高105.0cm，穗长22.0～25.0cm，穗粒数130.0粒，结实率80.0%～85.0%。谷粒椭圆形，稃尖无色、无芒。千粒重28.0g。

品质特性：糙米率80.0%，米质一般。

抗性：高抗稻瘟病，中抗白叶枯病。

产量及适宜地区：一般单产6 750kg/hm²。1983年被农业部列为长江中下游地区推广的抗稻瘟病品种，曾推广到全国15个省份。1980—1990年湖南省累计推广种植面积3.6万hm²。

栽培技术要点：适时播种，稀播壮秧，秧龄勿超过30d，种植密度13cm×20cm，基本苗195万苗/hm²。施足有机肥，早追肥。加强病虫害防治，及时收割。

湘中籼2号 （Xiangzhongxian 2）

品种来源：湖南省水稻研究所以矮包/双36为杂交组合，采用系谱法选育而成，原品系号为晚86-6。1989年通过湖南省农作物品种审定委员会审定，审定编号：湘品审第58号。

形态特征和生物学特性：属籼型常规水稻，中熟中籼。感光性弱，感温性强。株型集散适中，生态性状好，前期较散，幼穗分化后叶片逐渐挺立，剑叶角度小而直立，叶下禾。叶色深，成熟时绿叶多，上部3片功能叶衰老速度慢，落色好，茎秆较细，坚实而有弹性。全生育期平均132.9d。株高102.0cm，有效穗数373.5万穗/hm²，穗粒数122.8粒，结实率82.6%。千粒重24.1g。

品质特性：糙米率80.9%，精米率70.5%。

抗性：根系发达，耐肥，抗倒伏，较耐旱，再生能力强。中感稻瘟病，中抗白叶枯病。

产量及适宜地区：1988年参加湖南省中籼区域试验，单产7 680kg/hm²，比对照汕优63增产1.9%；1989年续试，单产8 970kg/hm²，比对照汕优63增产7.0%。至2005年已累计推广种植面积1.1万hm²。适宜湖南省作中晚稻种植。

栽培技术要点：该品种可中晚稻兼用。作中稻种植，4月中下旬播种，每公顷秧田用种量375kg、大田用种量30～45kg，秧龄30d，基本苗150万苗/hm²，种植密度16cm×20cm。作晚稻种植，在湘南6月25日播种，湘中6月20～25日播种，秧龄30d；湘西北6月

15～20日播种，秧龄不超过30d。每公顷秧田用种量300kg，种植密度13cm×20cm，基本苗195万苗/hm²。前期苗矮，叶色深，根系发达，需肥较多，应增施基肥，重施苗肥或分蘖肥，促早发。适时追施穗肥，促进穗粒发育。够苗时，适时晒田，控制无效分蘖。此外，注意防治病虫害。

湘中籼3号 (Xiangzhongxian 3)

品种来源：湖南省水稻研究所以湘早籼1号/湘中籼2号为杂交组合，采用系谱法选育而成，原品系号为晚88-140。1992年通过湖南省农作物品种审定委员会审定，审定编号：湘品审第95号。

形态特征和生物学特性：属籼型常规水稻，迟熟中籼。感光性弱，感温性强。株叶型好，前松后紧，剑叶中宽、较短、直立，叶下禾，叶鞘和颖尖无色，部分有顶芒。全生育期平均127.0d，比对照汕优63短10.0d。株高100.0cm，有效穗数379.5万穗/hm²，穗粒数94.8粒，结实率83.8%。千粒重21.2g。

品质特性：糙米率82.7%，精米率73.3%。

抗性：中抗稻瘟病，抗白背飞虱和褐飞虱。

产量及适宜地区：1990—1991年参加湖南省中籼组区域试验，单产8 715kg/hm²，比对照汕优63增产5.4%。适宜湖南省作中晚稻种植。

栽培技术要点：作中稻栽培，4月中下旬播种，每公顷秧田用种量450kg，大田用种量60kg，秧龄30～35d，种植密度13cm×20cm，基本苗150万苗/hm²。作晚稻栽培，在湘南6月27～28日播种，秧龄25～28d；湘中6月25日播种，秧龄30d；湘西北6月22日播种，秧龄35d；每公顷秧田用种量255～300kg，种植密度37.5万穴/hm²，基本苗195万苗/hm²。栽培中，适当增加用肥量，基肥与追肥比为7∶3，整个生育期采取间歇灌溉，齐穗到成熟保持干干湿湿，此外，注意防治病虫害。

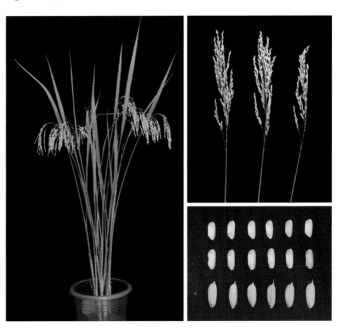

湘中籼4号（Xiangzhongxian 4）

品种来源：湖南省湘西自治州农业科学研究所以91491/特三矮2号为杂交组合，采用系谱法选育而成，原品系号为州7010。2000年通过湖南省农作物品种审定委员会审定，审定编号：湘品审第267号。

形态特征和生物学特性：属籼型常规水稻，迟熟中籼。株型紧散适中，叶下禾，茎秆粗壮，熟期落色好，分蘖力强。全生育期平均136.0d，与对照汕优63相当。株高110.0cm，穗长23.0cm，穗粒数125.0粒，结实率84.0%。千粒重25.0g。

品质特性：精米长5.4mm，长宽比2.0。糙米率83.0%，精米率69.5%，整精米率56.0%，垩白度35.0%。

抗性：抗倒伏，中抗稻瘟病和白叶枯病。

产量及适宜地区：1998—1999年参加湖南省中籼区域试验，两年均产8 265kg/hm^2，比对照汕优63增产1.2%，适宜湖南省作中稻种植。

栽培技术要点：4月中下旬播种，每公顷秧田用种量150kg，大田用种量30kg，秧龄以30d为宜，种植密度16cm×20cm，基本苗120万～135万苗/hm^2。施肥应以底肥为主，栽后7d重施追肥，中后期一般不施肥。及时防治稻纵卷叶螟和二化螟。

第四节　常规晚稻品种

爱华5号 （Aihua 5）

品种来源：湖南省水稻研究所、湖南金健米业股份有限公司以优丰105/农香16为杂交组合经系统选育而成。2004年通过湖南省农作物品种审定委员会审定，审定编号：湘审稻2004012。

形态特征和生物学特性：属籼型常规水稻，中熟晚籼。株型松紧适中，叶片挺直，叶色深绿，茎秆较硬，熟期叶青籽黄，叶下禾。全生育期109.5d。株高95.8cm，穗长24.4cm，穗粒数98.0粒，结实率85.1%。谷壳、护颖和稃尖呈黄色。千粒重27.2g。

品质特性：糙米率79.0%，精米率71.0%，整精米率59.1%，垩白粒率3.0%，垩白度6.3%。2002年被评为湖南省2级优质稻品种。

抗性：高感稻瘟病和白叶枯病。

产量及适宜地区：2001年湖南省晚籼组区域试验，单产6 855kg/hm²，比对照威优77减产11.3%；2003年湖南省区域试验单产6 375kg/hm²，比对照金优207减产7.9%。两年区域试验均产6 615kg/hm²。该品种适宜湖南稻瘟病轻发区作双季晚稻种植。

栽培技术要点：在湖南作双季晚稻栽培，一般6月20～24日播种，湘北可提早，湘南可推迟1～2d。每公顷秧田用种量225kg、大田用种量22.5～30.0kg。秧龄期控制在30d以内。该品种分蘖力中等，宜少本密植，种植密度13cm×20cm或16cm×20cm，每穴栽插4～5苗。一般每公顷施纯氮150～180kg、五氧化二磷105kg、氧化钾120kg。后期不宜脱水过早。注意及时防治病虫害，重点防治稻蓟马、螟虫、稻纵卷叶螟、稻瘟病及白叶枯病。

洞庭晚籼（Dongtingwanxian）

品种来源：湖南省水稻研究所以油占1696/IR8为杂交组合，采用系谱法选育而成。原品系号3702。

形态特征和生物学特性：属常规籼型水稻，迟熟晚籼。感光性中等，感温性强。株型较紧凑，茎秆粗细适中，分蘖力较强，叶片挺直，叶鞘无色。全生育期125.0～130.0d。株高86.0cm，穗粒数95.0粒，结实率85.0%。谷粒细长，颖壳秆黄色，稃尖无色、无芒。千粒重22.0～23.0g。

品质特性：糙米率76.0%，垩白小，食味佳。

抗性：中抗矮缩病和褐飞虱。

产量及适宜地区：一般单产5 250～6 000kg/hm²，高的可达7 500kg/hm²。湖南各地均有种植，1977—1990年累计推广种植面积43.8万hm²。

栽培技术要点：适时播种，长沙地区6月18日左右播种，秧龄30～40d。每公顷秧田用种量300～375kg。种植密度13cm×20cm，每穴栽插5～6苗。适当增施肥料。注意防治白叶枯病。

桂武糯 （Guiwunuo）

品种来源：湖南省水稻研究所以78-14/桂糯80为杂交组合，采用系谱法选育而成。1987年通过湖南省农作物品种审定委员会审定，审定编号：湘品审第22号。

形态特征和生物学特性：属籼型常规水稻，迟熟晚糯。感光性中等，感温性弱。株型紧散适中，分蘖力强，叶片挺直，淡绿。全生育期125.0d。株高80.0cm，穗长17.0cm，穗粒数65.0粒，结实率85.0%。谷粒椭圆形，谷秆黄色，稃尖无色、无芒。千粒重29.0g。

品质特性：糙米率80.4%，蛋白质含量7.9%，米质优，无垩白，糯性好。

抗性：感稻瘟病，中抗白叶枯病。

产量及适宜地区：一般单产5 250 ~ 6 000kg/hm²，1982—1989年累计推广种植面积1.3万hm²。适宜湖南双季稻区作早稻种植。

栽培技术要点：6月20日左右播种，秧龄30d，种植密度13cm×16cm，每穴栽插7 ~ 8苗。以有机肥为主，施足底肥，增施磷钾肥，看苗早施、重施分蘖肥，后期控施氮肥。成熟期不宜脱水过早。

农香18（Nongxiang 18）

品种来源：湖南省水稻研究所以农香16/三合占为杂交组合，采用系谱法选育而成。2010年通过湖南省农作物品种审定委员会审定，审定编号：湘审稻2010038。

形态特征和生物学特性：属籼型常规水稻，迟熟晚籼。株型适中，叶鞘、稃尖均无色，后期落色好。全生育期116.7d。株高123.0cm，有效穗数276.0万穗/hm²，穗粒数133.8粒，结实率86.4%。千粒重28.6g。

品质特性：精米粒长8.0mm，长宽比4.0。糙米率79.1%，精米率70.7%，整精米率63.4%，垩白粒率10.0%，垩白度1.4%，透明度1级，碱消值6.0级，胶稠度84.0mm，直链淀粉含量17.0%。2006年被评为湖南省1级优质稻品种。

抗性：耐寒性较强。

产量及适宜地区：2007年参加湖南省晚籼组区域试验，单产6 600kg/hm²，比对照威优46减产10.1%；2008年续试，单产7 680kg/hm²，比对照威优46减产0.5%。两年区域试验均产7 110kg/hm²，日产量61.5kg/hm²，比对照威优46低0.2kg。适宜湖南稻瘟病轻发区作双季晚稻种植。

栽培技术要点：湖南省作双季晚稻种植，6月18日左右播种，每公顷秧田用种量150kg、大田用种量15kg，浸种时进行种子消毒，稀播培育壮秧。5.5叶移栽，秧龄控制在30d以内。

种植密度16cm×23cm，每穴栽插2苗。需肥水平中等，一般每公顷施纯氮165kg、五氧化二磷90kg、氧化钾97.5kg，重施底肥，早施追肥，后期看苗补施穗肥，加强田间管理。注意防治稻螟虫、稻纵卷叶螟、稻飞虱、纹枯病、稻瘟病等病虫害。

天龙香103 （Tianlongxiang 103）

品种来源：湖南省水稻研究所、湖南金健米业股份有限公司、湖南天龙米业公司以农香16/优丰162为杂交组合，采用系谱法选育而成。2005年通过湖南省农作物品种审定委员会审定，审定编号：湘审稻2005028。

形态特征和生物学特性：属籼型常规水稻，迟熟晚籼。株型前期较紧凑，后期松紧适中，叶片挺直而厚，剑叶较短，后期落色好。全生育期114.0d。株高107.0cm，有效穗数294.0万穗/hm²，穗粒数89.4粒，结实率87.7%。千粒重29.6g。

品质特性：精米粒长8.0mm，长宽比4.0。糙米率79.1%，整精米率59.4%，垩白粒率0，垩白度0，胶稠度83mm，直链淀粉含量15.5%。2002年被评为湖南省2级优质稻品种。

抗性：高感稻瘟病，耐寒性一般，抗倒伏性好。

产量及适宜地区：2003年湖南省晚籼组区域试验，单产5 985kg/hm²，比对照威优46减产16.9%，日产量51.0kg/hm²，比对照威优46低0.6kg；2004年续试，单产6 360kg/hm²，比对照威优46减产14.3%，日产量54.0kg/hm²，比对照威优46低0.5kg。两年区域试验均产6 165kg/hm²，较对照威优46减产15.6%，日产量52.5kg/hm²，比对照威优46低0.5kg。适宜湖南稻瘟病轻发区作双季晚稻种植。

栽培技术要点：湖南作双季晚稻栽培，湘中6月14～18日播种，湘南可适当推迟，湘北须适当提早。每公顷秧田用种量225～300kg、大田用种量30～45kg。秧龄30d以内，5～6叶移栽。种植密度16cm×20cm，每穴栽插3苗。应施足基肥，早施追肥。及时晒田控蘖，后期湿润灌溉，抽穗扬花后不要脱水过早，保证充分结实灌浆。注意防治稻瘟病等病虫害。

晚糯84-177（Wannuo 84-177）

品种来源：湖南省水稻研究所用洞庭晚籼作母本和云南大粒杂交的F_4，与以洞庭晚籼作母本和IR1529-680-3-3杂交的F_6作父本杂交，采用系谱法选育而成。1990年通过湖南省农作物品种审定委员会审定，审定编号：湘品审第144号。

形态特征和生物学特性：属籼型常规水稻，迟熟晚糯。感光性中等，感温性较强。株型紧凑，分蘖力中等，剑叶挺直上举，叶鞘无色。全生育期120.0d。株高90.0～96.0cm，穗粒数100.0粒，结实率80.0%。谷粒长椭圆形，颖壳秆黄色，稃尖无色、无芒。千粒重30.0g。

品质特性：糙米率81.8%，整精米率65.6%，蛋白质含量8.9%，糯性好。

抗性：抗白叶枯病。

产量及适宜地区：一般单产6 000kg/hm²，高的可达7 500kg/hm²。1989—1990年累计推广种植面积1.1万hm²。适宜湖南双季稻区作早稻种植。

栽培技术要点：适时播种，湘中6月20日左右，湘北、湘西可提早2～3d，湘南可推迟2～4d。每公顷秧田用种量300～375kg、大田用种量37.5kg，秧龄期35d，种植密度13cm×20cm，每穴栽插5～6苗。氮肥不宜施用过多，以防倒伏。

湘粳1号（Xianggeng 1）

品种来源：湖南省水稻研究所以9415/79-66为杂交组合，采用系谱法选育而成，原品系号99鉴13。1992年通过湖南省农作物品种审定委员会审定，审定编号：湘品审第98号。

形态特征和生物学特性：属常规粳型水稻，迟熟晚粳。株型松散适中，茎基坚硬，剑叶及其下一、二叶挺直上举。全生育期124.1d，比对照鄂宜105长1.5d。株高100.0cm，穗长19.0cm，穗粒数97.7粒，结实率79.2%。谷粒椭圆形，颖壳秆黄色，颖尖无色、无芒。千粒重28.5g。

品质特性：糙米率83.5%，精米率74.8%，整精米率62.2%，垩白粒率98.0%，透明度2级，胶稠度56mm，直链淀粉含量17.8%，蛋白质含量9.3%。食味较好。

抗性：中感稻瘟病，中抗白叶枯病、白背飞虱，耐寒，抗倒伏。

产量及适宜地区：1990年参加湖南省晚粳组区域试验，单产6 585kg/hm^2，比对照鄂宜105增产12.2%，产量在各参试点均居第一位；1991年续试，单产6 840kg/hm^2，比对照鄂宜105增产8.2%，居第一位，日产量55.5kg/hm^2，比对照高0.3kg。两年区域试验均产6 720kg/hm^2，比对照鄂宜105增产10.2%。湖南粳稻区均有种植。

栽培技术要点：6月20～25日播种，秧龄30d。稀播培育壮秧，每公顷秧田用种量300～450kg、大田用种量75kg，种植密度13cm×16cm，每穴栽插5～6苗。该品种耐肥抗倒伏，需肥水平较高，要以农家肥为主，施足底肥，早追肥，后期增施氮肥。落水晒田不要过早，以湿润灌溉为主，防止死秆倒伏。及时防治病虫害。

湘粳2号（Xianggeng 2）

品种来源：湖南省水稻研究所以79-103/宇红1号//H129为杂交组合，采用系谱法选育而成。1996年通过湖南省农作物品种审定委员会审定，审定编号：湘品审第175号。

形态特征和生物学特性：属常规粳型水稻，迟熟晚粳。株型松散适中，熟期适宜，生长整齐，分蘖力强。叶片直立，穗大粒大，较易脱粒。全生育期126.0d，比对照鄂宜105长1.5d。株高97.0cm，穗长18.0～20.0cm，穗粒数80.0～95.0粒，结实率90.0%。谷粒椭圆形，颖壳秆黄色，颖尖无色、无芒。千粒重29.4～30.3g。

品质特性：精米粒长5.5cm，长宽比1.8，糙米率82.6%，精米率74.7%，整精米率69.0%，垩白粒率24.0%，垩白度3.0%，透明度1级，碱消值7.0级，胶稠度83mm，直链淀粉含量17.8%，蛋白质含量9.2%。米粒透明，食味好。

抗性：中感稻瘟病，中抗白叶枯病、白背飞虱，耐肥，耐寒，抗倒伏。

产量及适宜地区：1994年参加湖南省晚粳组区域试验，平均单产5 992.5kg/hm²，比对照鄂宜105增产3.9%，居第一名；1995年续试，平均单产6 300kg/hm²，比对照鄂宜105增产7.5%，居第一名，增产达极显著水平。适宜洞庭湖平原、江汉平原及杭嘉湖作双季晚稻或一季晚稻栽培。

栽培技术要点：6月20～25日播种，秧龄30d。稀播培育壮秧，每公顷秧田用种量300～450kg、大田用种量75kg。种植密度13cm×16cm，每穴栽插5～6苗。及时防治病虫害。

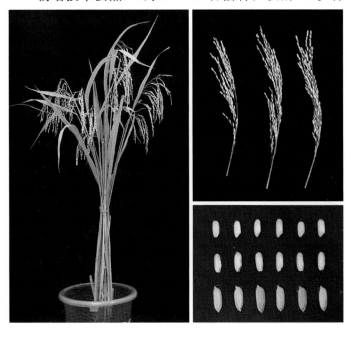

湘晚糯1号 （Xiangwannuo 1）

品种来源：吴耕选育而成，原品系为湘集9512。2000年通过湖南省农作物品种审定委员会审定，审定编号：湘品审第270号。

形态特征和生物学特性：属籼型常规水稻，迟熟晚糯。株型较紧凑，分蘖力强，剑叶挺直上举。谷粒长形。全生育期122.0d，比对照威优46长1.0d。株高107.0cm，穗粒数120.0粒，结实率78.0%。千粒重26.0g。

品质特性：米质好，被评为湖南省3级优质稻品种。

抗性：抗稻瘟病，中感白叶枯病。

产量及适宜地区：1998—1999年参加湖南省区域试验，均产6 360kg/hm²，比对照威优46低8.9%。适宜湖南双季稻区作晚稻种植。

栽培技术要点：6月上中旬播种，每公顷大田用种量15kg，秧龄30d。5～6叶移栽，种植密度22.5万穴/hm²，基本苗90万～120万苗/hm²。施足基肥，早施追肥，注意施用有机肥，氮、磷、钾配合。及时晒田控蘖，后期湿润灌溉。注意防治稻秆潜蝇和螟虫。

湘晚籼1号（Xiangwanxian 1）

品种来源：湖南省水稻研究所以6278/ASD7为杂交组合，采用系谱法选育而成，原品系号为1952。1987年通过湖南省农作物品种审定委员会审定，审定编号：湘品审第21号。

形态特征和生物学特性：属籼型常规水稻，迟熟晚籼。感光性中等偏弱，感温性强。株型松紧适度，叶片中宽挺直，叶鞘无色，后期叶青籽黄。全生育期120.0d。株高95.0cm，穗粒数90.0粒，结实率88.0%。无芒。千粒重23.0～24.0g。

品质特性：糙米率79.0%，精米率71.0%，蛋白质含量11.0%。米白色，半透明，垩白小，食味好。

抗性：中感稻瘟病、白背飞虱，高感白叶枯病，耐寒性强。

产量及适宜地区：一般单产6 000kg/hm²，高的可达7 500kg/hm²，1986—1990年累计推广种植面积25.1万hm²。适宜湖南省作双季晚稻种植。

栽培技术要点：湘中于6月15～18日播种，湘北稍前，湘南稍后。稀播、匀播、足肥培育壮秧。每公顷秧田用种量300kg、大田用种量30kg。秧龄控制在30～45d，种植密度13cm×20cm，基本苗150万～180万苗/hm²。施足底肥，早追肥，科学管水。注意防治白叶枯病。

湘晚籼10号 （Xiangwanxian 10）

品种来源：湖南省水稻研究所以亲16选/80-66为杂交组合，采用系谱法选育而成，原品系号为农香16。分别通过湖南省（1999）、江西省（2000）、湖北省（2002）和国家（2003）农作物品种审定委员会审定，审定编号：湘品审第247号、赣审稻2000004、鄂审稻016-2002和国审稻2003062。

形态特征和生物学特性：属籼型常规水稻，迟熟晚籼。株型松散适中，叶片挺直上举，半叶下禾或叶下禾，分蘖力中等。全生育期119.0d，比对照威优64长8.0d。株高104.0cm，穗长20.0cm，穗粒数98.0粒，结实率80.0%。谷粒长形，间有顶芒。千粒重28.0g。

品质特性：精米长宽比3.1。糙米率79.2%，整精米率66.8%，垩白粒率9%，垩白度2.1%，直链淀粉含量16.4%，胶稠度70mm。主要理化指标达到国标优质稻谷2级质量标准，有香味。

抗性：高感稻瘟病，感白叶枯病。

产量及适宜地区：2001年参加南方稻区晚籼早熟优质组区域试验，单产7 125kg/hm^2，比对照油优64减产4.6%，极显著；2002年续试，单产6 255kg/hm^2，比对照油优64减产5.2% .2002年生产试验单产7 065kg/hm^2，比对照油优64减产0.5%。适宜江西中南部、湖南中南部、湖北以及浙江南部双季稻稻瘟病轻发区种植。

栽培技术要点：6月中旬播种，每公顷秧田用种量315kg，大田用种量45kg。秧龄30～35d，6～7叶移栽，种植密度16cm×20cm，基本苗180万苗/hm^2。每公顷施纯氮180kg、五氧化二磷105kg、氧化钾120kg。施足基肥，早施、重施分蘖肥，酌施壮苞肥和壮籽肥。浅水分蘖，够苗晒田，湿润壮籽。注意防治稻瘟病和白叶枯病，同时注意防治纹枯病。

湘晚籼11（Xiangwanxian 11）

品种来源：湖南省水稻研究所从古巴引入的品系E179-F3-2-2-1-2中选出的早熟突变株选育而成，原品系号为95-108。分别通过湖南省（1999）和江西省（2002）农作物品种审定委员会审定，审定编号：湘品审第248号、赣审稻2002014。

形态特征和生物学特性：属籼型常规水稻，迟熟晚籼。株型适中，茎秆坚韧弹性好，剑叶上举微卷，叶色浓绿，叶下禾，后期落色好。分蘖力中等，穗型大。全生育期118.0d，比对照威优64长7.0d。株高107.0cm，穗粒数118.0粒，结实率78.0%。千粒重26.0g。

品质特性：精米粒长6.6mm，长宽比3.2。糙米率80.7%，精米率72.4%，整精米率63.0%，垩白粒率10.0%，垩白度0.9%，透明度1级，碱消值7.0级，胶稠度68mm，直链淀粉含量15.0%，蛋白质含量9.2%。1999年被湖南省评选为2级优质稻品种。

抗性：高感稻瘟病和白叶枯病。

产量及适宜地区：1997—1998年参加湖南省晚籼组区域试验，两年均产6 435kg/hm^2，比对照威优64减产4.8%。适宜湖南、江西稻瘟病轻发区作双季晚稻种植。

栽培技术要点：6月中旬播种，每公顷秧田用种量300kg、大田用种量45kg，秧龄30d左右。种植密度16cm×20cm，基本苗150万～180万苗/hm^2。每公顷施用饼肥750kg、过磷酸钙375kg作基肥，用尿素225kg、氧化钾210kg作追肥。全程采用湿润灌溉。注意防治稻瘟病、白叶枯病、纹枯病、稻纵卷叶螟及稻飞虱。

湘晚籼12（Xiangwanxian 12）

品种来源：湖南省水稻研究所以92w93/GER-3为杂交组合，采用系谱法选育而成，原品系号为97-24。分别通过湖南省（2001）和国家（2004）农作物品种审定委员会审定，审定编号：湘品审第307号、国审稻2004027。

形态特征和生物学特性：属籼型常规水稻，迟熟晚籼。株型适中，群体整齐。全生育期115.4d，比对照汕优64长2.3d。株高98.5cm，有效穗数367.5万穗/hm²，穗长22.2cm，穗粒数97.3粒，结实率85.9%。千粒重25.3g。

品质特性：精米长宽比3.6。整精米率53.4%，垩白粒率5.0%，垩白度0.4%，胶稠度58mm，直链淀粉含量15.3%。在湖南省第四届优质稻品种评选中被评为3级优质稻品种。

抗性：高感稻瘟病，中抗白叶枯病，抗寒性好，抗倒伏性较强。

产量及适宜地区：2002年参加长江中下游晚籼早熟优质组区域试验，单产6 990kg/hm²，比对照汕优64增产5.9%，极显著；2003年续试，单产7 380kg/hm²，比对照汕优64增产4.8%，极显著；两年区域试验均产7 185kg/hm²，比对照汕优64增产5.4%。2003年生产试验单产7 155kg/hm²，比对照汕优64增产9.4%。适宜江西、湖南、浙江省中北部以及湖北、安徽省稻瘟病轻发区作双季晚稻种植。

栽培技术要点：根据当地种植习惯与汕优64同期播种，每公顷秧田用种量225～300kg。秧龄控制在30d以内。种植密度为16cm×20cm，重施有机肥，每公顷施纯氮150kg，并配施磷、钾肥。水分管理应做到深水活蔸，浅水保苗，后期湿润灌溉。特别注意防治稻瘟病。较易落粒，注意及时收割。

湘晚籼13（Xiangwanxian 13）

品种来源：湖南省水稻研究所和金健米业股份有限公司以湘晚籼5号/湘晚籼6号为杂交组合，采用系谱法选育而成，原品系号为农香98。2001年通过湖南省农作物品种审定委员会审定，审定编号：湘品审第308号。

形态特征和生物学特性：属籼型常规水稻，迟熟晚籼。株型松散，剑叶较长，茎秆粗壮坚韧，分蘖力较弱，成穗率较高。全生育期123.7d，比威优46长1～2d。株高100.0cm左右，有效穗数277.5万穗/hm²，穗长23.0cm，穗粒数120.0粒，结实率80.0%。谷粒长形，有顶芒。千粒重28.0g。

品质特性：在湖南省第四届优质稻品种评选中被评为2级优质稻品种。

抗性：抗寒性好。

产量及适宜地区：1999—2000年参加湖南省晚籼组区域试验，两年均产5 955kg/hm²，比对照威优46减产13.8%。适宜湖南稻瘟病和白叶枯病轻发区作一季晚稻种植。

栽培技术要点：6月上旬播种，每公顷大田用种量45kg，7月上旬移栽，秧龄不超过35d。基本苗150万苗/hm²。采用高肥水平栽培。施足底肥，每公顷基施碳酸氢铵375kg、腐熟人畜粪750kg，结合翻耕深施。每公顷用尿素150kg、钾肥112.5kg作追肥早施。前期浅水促分蘖，中期够苗晒田，后期保持田间湿润，收获前落水晒田。重点防治稻瘟病和白叶枯病，慎用有机磷农药，防止污染稻米品质。

湘晚籼16 (Xiangwanxian 16)

品种来源：湖南省水稻研究所以优丰179/97早品120为杂交组合，采用系谱法选育而成，原品系号02晚101。2007年通过湖南省农作物品种审定委员会审定，审定编号：湘审稻2007040。

形态特征和生物学特性：属籼型常规水稻，迟熟晚籼。株型较紧凑，剑叶较长且直立。叶鞘、稃尖均无色，落色好。全生育期121.0d。株高100.0cm，有效穗数307.5万穗/hm²，穗粒数117.6粒，结实率82.1%。千粒重25.1g。

品质特性：精米粒长7.4mm，长宽比3.5。糙米率80.3%，精米率72.8%，整精米率70.3%，垩白粒率6.0%，垩白度0.5%，透明度1级，碱消值7.0级，胶稠度48mm，直链淀粉含量13.1%，蛋白质含量8.6%。

抗性：高感稻瘟病，感白叶枯病，耐寒性较强。

产量及适宜地区：2004年参加湖南省晚籼组区域试验，单产6 795kg/hm²，比对照湘晚籼11增产2.2%；2005年续试，单产6 330kg/hm²，比对照湘晚籼11增产1.5%。两年区域试验均产6 555kg/hm²，比对照湘晚籼11增产1.9%，日产量54.0kg/hm²，比对照湘晚籼11高0.1kg。适宜湖南稻瘟病轻发区作双季晚稻种植。

栽培技术要点：湘南6月20日播种，湘中、湘北适当提早2～4d播种。每公顷秧田用种量450kg、大田用种量37.5kg，秧龄30d以内，种植密度20cm×20cm，每穴栽插5～6苗。基肥足，追肥速，中期补，氮、磷、钾结合施用，适当增加磷、钾肥用量。深水活蔸，浅水分蘖，及时晒田，有水壮苞抽穗，后期干湿交替管水，切忌脱水过早。注意防治病虫害。

湘晚籼17 （Xiangwanxian 17）

品种来源：湖南省水稻研究所以湘晚籼10号/三合占为杂交组合，采用系谱法选育而成。2008年通过湖南省农作物品种审定委员会审定，审定编号：湘审稻2008035。

形态特征和生物学特性：属籼型常规水稻，中熟晚籼。株型适中，叶鞘、稃尖均无色，落色好。全生育期117.0d。株高110.0cm，有效穗数300万穗/hm²，穗粒数124.0粒，结实率82.5%。千粒重26.1g。

品质特性：精米粒长8.1mm，长宽比4.1。糙米率78.7%，精米率68.5%，整精米率60.9%，垩白粒率9.0%，垩白度0.7%，透明度1级，碱消值6级，胶稠度84mm，直链淀粉含量17.0%。在湖南省第六次优质稻品种评选中被评为1级优质晚籼品种。

抗性：高感稻瘟病，中感白叶枯病。

产量及适宜地区：2007年参加湖南省晚籼组区域试验，单产6 525kg/hm²，比对照金优207增产0.7%；比对照湘晚籼12减产1.7%。适宜湖南稻瘟病轻发区作双季晚稻种植。

栽培技术要点：在湖南省作双季晚稻栽培，湘中6月16～18日播种，湘北提早2d，湘南可略迟。每公顷大田用种量37.5kg。7月25日前移栽完毕，秧龄以35d内，种植密度20cm×20cm，每穴栽插4～5苗。中等偏高肥力水平栽培，前期以有机肥为主，施足基肥；早施追肥，促进分蘖，中后期稳施壮苞肥及壮籽肥；前期浅水促分蘖，中后期保持湿润，切忌脱水过早。加强稻瘟病、纹枯病和白叶枯病的防治。

湘晚籼2号（Xiangwanxian 2）

品种来源：湖南省水稻研究所从国际水稻研究所引进的IR19274-26-2-3-1-2群体中选择变异株，采用系谱法选育而成，原品系号为晚35。1991年通过湖南省农作物品种审定委员会审定，审定编号：湘品审第76号。

形态特征和生物学特性：属籼型常规水稻，早熟晚籼。感光性强，感温性强。株型较紧凑，叶色浓绿，叶片较窄而厚，茎秆较细，分蘖力中等。全生育期109.7d。株高90.0～99.0cm，有效穗数379.5万穗/hm²，穗粒数94.8粒，结实率83.8%。千粒重21.2g。

品质特性：精米长6.7mm，长宽比3.9。糙米率78.8%，精米率67.1%，整精米率58.2%，垩白粒率6.0%，碱消值3级，胶稠度60.0mm，直链淀粉含量16.1%，蛋白质含量8.4%。1990年被湖南省评为2级优质稻品种。

抗性：中感稻瘟病，抗寒性好。

产量及适宜地区：1990年参加湖南省晚籼组区域试验，单产6 019.5kg/hm²，累计推广种植面积11.5万hm²。适宜湖南省稻瘟病轻发区作双季晚稻种植。

栽培技术要点：湘中一般6月25～28日播种为宜，湘北稍前，湘南稍后。稀播、匀播、足肥培育壮秧，每公顷秧田用种量180～225kg、大田用种量22.5～30.0kg。秧龄控制在23～25d。秧田肥力较低，宜在2叶露尖时，每公顷追施尿素60～75kg、过磷酸钙150～225kg、氯化钾60～75kg，以促发早期分蘖，育成分蘖壮秧。种植密度13cm×20cm，基本苗150万～180万苗/hm²，科学管水。后期注意病虫害防治。

湘晚籼3号（Xiangwanxian 3）

品种来源：湖南省岳阳市农业科学研究所以IR56/E3-15//8323为杂交组合，采用系谱法选育而成，原品系号为84-17。1992年通过湖南省农作物品种审定委员会审定，审定编号：湘品审第96号。

形态特征和生物学特性：属籼型常规水稻，中熟晚籼。感光性强，感温性强。株型适中，分蘖力强，叶片前期披散，中后期较挺，剑叶轻微内卷，茎秆较细，富有韧性。全生育期119.0～124.0d。株高90.2～95.0cm，穗长18.5cm，穗粒数90.0粒，结实率87.0%。谷粒细长，稃尖无色、无芒。千粒重24.5g。

品质特性：精米长7.2mm，长宽比3.7。糙米率80.4%，精米率66.7%，垩白粒率25.1%，直链淀粉含量19.4%，碱消值6.5级，胶稠度47.0mm，蛋白质含量8.4%。1990年被湖南省评为2级优质稻品种。

抗性：抗白叶枯病，抗寒性好。

产量及适宜地区：1990—1991年参加湖南省晚籼组区域试验，两年均产6 225kg/hm²，比对照湘晚籼1号减产8.5%，1992年以来累积推广种植面积40.5万hm²。适宜湖南稻瘟病轻发区作双季晚稻种植。

栽培技术要点：湘中一般6月18～20日播种为宜，湘北稍前，湘南稍后。稀播、匀播、足肥培育壮秧，每公顷秧田用种量210～225kg、大田用种量22.5～30.0kg。秧龄控制在30～35d。移栽密度13cm×20cm，基本苗150万～180万苗/hm²，科学管水，后期注意病虫害防治。

湘晚籼4号（Xiangwanxian 4）

品种来源：湖南省水稻研究所以湘晚籼1号/晚华矮1号为杂交组合，采用系谱法选育而成，原品系号为HR8807。1992年湖南省农作物品种审定委员会审定，审定编号：湘品审第97号。

形态特征和生物学特性：属籼型常规水稻，中熟晚籼。感光性强，感温性中等。株型紧凑，分蘖与主茎夹角小，叶片前期长势松散，中后期转为挺拔。全生育期122.7d。株高95.0～99.0cm，有效穗数330万穗/hm²，穗粒数102.0粒，结实率82.7%。千粒重27.3g。

品质特性：糙米率82.1%，精米率73.5%，整精米率62.1%，垩白粒率49.5%，碱消值6.5级，胶稠度27mm，直链淀粉含量25.3%，蛋白质含量9.5%。

抗性：中感稻瘟病，中抗白叶枯病和褐飞虱。

产量及适宜地区：1989年参加湖南省晚籼组区域试验，单产6 705kg/hm²，比对照湘晚籼1号增产5.7%，日产量55.5kg/hm²，居参试组首位；1990年续试，单产7 155kg/hm²，比对照湘晚籼1号增产6.5%，日产量58.5kg/hm²，居参试组第2名。适宜湖南稻瘟病轻发区作双季晚稻种植。

栽培技术要点：湘南地区6月18～20日播种，湘中地区6月15～16日播种，湘北地区6月12～13日播种。每公顷秧田用种量225kg、大田用种量30.0～37.5kg。秧龄控制在30d以内。种植密度为16cm×20cm，重施有机肥，每公顷施纯氮150kg，并配施磷、钾肥。水分管理应做到深水活蔸，浅水保苗，后期湿润灌溉。特别注意防治稻瘟病。

湘晚籼5号（Xiangwanxian 5）

品种来源：湖南省水稻研究所以80-66/矮黑粘为杂交组合，采用系谱法选育而成，原品系号为1720。1994年通过湖南省农作物品种审定委员会审定，审定编号：湘品审第140号。

形态特征和生物学特性：属籼型常规水稻，迟熟晚籼。感光性中等，感温性弱。株型松散适中，剑叶上举，叶色淡绿，分蘖力强，繁茂性好。全生育期122.4d，比对照湘晚籼1号长2.0d。株高95.0～100.0cm，穗长25.5cm，穗粒数91.6粒，结实率84.6%。千粒重24.6g。

品质特性：精米长7.7mm，长宽比3.2。糙米率80.1%，精米率71.1%，整精米率63.6%，垩白粒率4.0%，透明度1级，碱消值6.0级，胶稠度44.0mm，直链淀粉含量18.0%，蛋白质含量8.7%。

抗性：中抗白叶枯病，抗寒性好。

产量及适宜地区：1993年参加湖南省晚籼区域试验，单产6 000kg/hm²，比对照湘晚籼1号增产1.8%；日产量49.5kg/hm²，比对照湘晚籼1号低0.1kg。适宜湖南稻瘟病轻发区作双季晚稻种植。

栽培技术要点：湘中一般6月18～20日播种为宜，湘北稍前，湘南稍后。稀播、匀播、肥足培育壮秧，每公顷秧田用种量225kg、大田用种量30kg。秧龄控制在30～40d。种植密度16cm×20cm，基本苗150万～180万苗/hm²。后期注意病虫害防治。

湘晚籼6号 （Xiangwanxian 6）

品种来源：湖南省水稻研究所以明恢63/特青2号为杂交组合，采用系谱法选育而成，原品系号为LS10281。1995年湖南省农作物品种审定委员会审定，审定编号：湘品审第156号。

形态特征和生物学特性：属籼型常规水稻，中熟晚籼。株型紧凑，剑叶长而挺直，叶色深绿，叶下禾，抽穗整齐，茎秆粗壮，长势健壮。全生育期120.0d，比对照湘晚籼1号长2.0d。株高100.0cm，有效穗数300.0万穗/hm²，穗粒数100.0粒，结实率85.0%。千粒重26.5g。

品质特性：精米长6.5mm，长宽比2.7。糙米率79.5%，精米率73.5%，整精米率64.0%，垩白粒率32.0%，垩白度10.2%，透明度1级，胶稠度50mm，直链淀粉含量17.2%，蛋白质含量8.8%。

抗性：中感稻瘟病，中抗白叶枯病。

产量及适宜地区：1993年参加湖南省晚籼组区域试验，单产6 300kg/hm²，比对照湘晚籼1号增产6.8%，居参试品种第四位；1994年续试，单产6 030kg/hm²，比对照湘晚籼1号增产2.3%，居参试品种第二位。适宜湖南稻瘟病轻发区作双季晚稻种植。

栽培技术要点：适宜播种期6月15～25日。每公顷秧田用种量300kg、大田用种量45kg。秧龄30～35d。种植密度20cm×20cm，肥田可稍稀，基本苗150万～180万苗/hm²。后期注意病虫害防治。

湘晚籼7号（Xiangwanxian 7）

品种来源：湖南省水稻研究所以Caimioji202/红突5号为杂交组合，采用系谱法选育而成，原品系号为籼优1号。1996年湖南省农作物品种审定委员会审定，审定编号：湘品审第173号。

形态特征和生物学特性：属籼型常规水稻，中熟晚籼。株型较紧凑，茎秆较粗且弹性好，前期叶片稍披垂，倒一、二叶上举挺直。叶色浓绿似粳稻，叶鞘、叶枕、叶耳均为紫色，半叶下禾，镰刀形。全生育期119.0d，比对照湘晚籼1号短1.5d。株高107.5cm，有效穗数322.5万穗/hm^2，穗粒数105.0粒，结实率82.5%。稃尖紫色、无芒。千粒重26.5g。

品质特性：糙米率79.1%，精米率71.1%，整精米率54.0%，垩白粒率46.0%，垩白度19.4%，透明度3级，胶稠度95mm，直链淀粉含量17.4%，蛋白质含量9.8%。

抗性：高感稻瘟病，中感白叶枯病。

产量及适宜地区：1994年参加湖南省晚籼组区域试验，全省13点平均单产6 225kg/hm^2，比对照湘晚籼1号增产5.8%，达显著水平，单产、日产均居首位；1995年续试，全省15点平均单产6 480kg/hm^2，比对照湘晚籼1号增产1.9%，单产居第二位，日产量54.0kg/hm^2，居第一位。两年平均单产6 360kg/hm^2，比对照湘晚籼1号增产3.8%。适宜湖南稻瘟病及白叶枯病轻发区作双季晚稻种植。

栽培技术要点：适宜播种期6月18～20日，每公顷秧田用种量300～375kg、大田用种量45～52.5kg。秧龄控制在35d以内。种植密度16cm×20cm，肥田可稍稀。基本苗150万/hm^2，总苗数达450万苗/hm^{2}开始晒田，最高苗数控制在525万苗/hm^{2}左右。

湘晚籼8号 (Xiangwanxian 8)

品种来源：湖南农业大学水稻科学研究所以四喜粘/湘晚籼1号为杂交组合，采用系谱法选育而成，原品系号为91-208。1998年湖南省农作物品种审定委员会审定，审定编号：湘品审第223号。

形态特征和生物学特性：属籼型常规水稻，迟熟晚籼。感光性中等，感温性中等。株型适中，剑叶直立绿色，叶鞘无色。全生育期118.0d，比对照汕优64长2.0d。株高105.0cm，穗长24.0cm，穗粒数95.0粒，结实率90.0%。千粒重27.5g。

品质特性：精米长6.6mm，长宽比2.9。精米率73.0%，整精米率68.5%，垩白粒率26.5%，碱消值4.8级，胶稠度90mm，直链淀粉含量14.6%，蛋白质含量9.4%。

抗性：高感稻瘟病和白叶枯病。

产量及适宜地区：1996—1997年参加湖南省晚籼组区域试验，两年均产6 600kg/hm²。适宜湖南稻瘟病及白叶枯病轻发区作双季晚稻种植。

栽培技术要点：适宜播种期6月18～24日，每公顷秧田用种量225～270kg、大田用种量37.5kg。秧龄30～35d。种植密度20cm×20cm，基本苗180万～225万苗/hm²，后期注意防治病虫害。

湘晚籼9号 (Xiangwanxian 9)

品种来源：湖南省岳阳市农业科学研究所、湖南省岳阳市农业局以圭巴/湘早籼5号为杂交组合，采用系谱法选育而成，原品系号为8707。分别通过湖南省（1998）和湖北省（2001）农作物品种审定委员会审定，审定编号：湘品审第224号、鄂审稻017-2001。

形态特征和生物学特性：属籼型常规水稻，迟熟晚籼。株型适中，叶色浓绿，叶鞘、叶环无色。全生育期123.0d，比对照湘晚籼1号长2.0d。株高100.0cm，穗长22.0cm，穗粒数120.0粒，结实率80.0%。谷粒细长，秆尖无色，部分谷粒有短顶芒。千粒重23.0g。

品质特性：精米长6.5mm，长宽比3.1。精米率67.8%，整精米率60.0%，垩白粒率11.5%，碱消值7级，胶稠度84mm，直链淀粉含量18.4%，蛋白质含量10.4%，米质好。

抗性：高感稻瘟病和白叶枯病，抗寒性好。

产量及适宜地区：1994—1995年湖南省晚籼组区域试验，两年均产6 000kg/hm²，比对照湘晚籼1号减产6.0%。适宜湖南、湖北稻瘟病及白叶枯病轻发区作双季晚稻种植。

栽培技术要点：适时早播，确保9月10日前齐穗。6月15日前播种，每公顷秧田用种量180～225kg，秧龄35d以内。每穴栽插4～5苗，基本苗150万～180万苗/hm²，注意浅插。每公顷底施农家肥15～20t、碳酸氢铵450～600kg、磷肥450～600kg，移栽后7～10d每公顷追施尿素150kg，钾肥120～225kg。灌水坚持干干湿湿、以湿为主的原则。严防寒露风，重点防治稻瘟病，后期遇低温阴雨注意防治纹枯病、稻粒黑粉病、紫秆病、叶鞘腐败病等病害。

余赤231-8（Yuchi 231-8）

品种来源：湖南农学院以余晚6号/赤块矮3号为杂交组合，采用系谱法选育而成。1984年经湖南省农作物品种审定委员会认定。认定编号：湘品审（认）第15号。

形态特征和生物学特性：属常规籼型水稻，迟熟晚籼。感光性中等，感温性中等。株型较紧凑，茎秆较细，韧性好，分蘖力强，叶片较窄、直，色绿。叶鞘、叶环、叶缘无色。全生育期平均121.0d。株高80.0～90.0cm，穗长20.0～24.0cm，穗粒数80.0～100.0粒，结实率85.0%。谷粒长椭圆形，颖壳秆黄色，稃尖无色，间有顶芒。千粒重22.0～23.0g。

品质特性：糙米率81.4%，整精米率63.2%，蛋白质含量11.4%，垩白小，食味佳，达湖南晚籼优质米3级标准。

抗性：抗小球菌核病和青黄矮病，中抗白叶枯病，耐寒性好，不抗倒伏。

产量及适宜地区：一般单产5 250～6 000kg/hm²，高的可达6 750.0kg/hm²。湖南各地均有种植，1979—1990年累计推广种植面积307.7万hm²。其中1985年推广种植面积41.1万hm²，成为常规晚籼当家品种。

栽培技术要点：湘中地区6月20～23日播种，秧龄30～34d。每公顷秧田用种量300kg、大田用种量45kg，种植密度13cm×20cm，每穴栽插6～8苗。施足基肥，早施分蘖肥。

余水糯 （Yushuinuo）

品种来源：湖南省水稻研究所、湖南省安仁县农业科学研究所以水源290/余赤231-8为杂交组合，采用系谱法选育而成，原品系号85-164。1993年通过湖南省农作物品种审定委员会审定，审定编号：湘品审第118号。

形态特征和生物学特性：属籼型常规水稻，早熟晚糯。株型松散适中，叶色深绿，分蘖力强，穗型大小适中。全生育期平均113.6d。株高104.2cm，有效穗数457.5万穗/hm²，穗粒数67.4粒，结实率87.2%。千粒重25.2g。

品质特性：精米长宽比2.2。糙米率80.5%，精米率70.7%，整精米率52.4%，直链淀粉含量0.46%，糯性好。

抗性：抗稻瘟病、白叶枯病和稻飞虱。

产量及适宜地区：1991年参加湖南省区域试验，单产6 855kg/hm²，居供试3个糯稻品种的首位，日产量60.5kg/hm²，居首位，单产比对照湘晚籼1号略增产、比对照威优46减产6.7%。适宜湖南双季稻区作晚稻种植。

栽培技术要点：湖南作双季晚稻栽培，根据前作的熟期确定适宜的播种期，秧龄控制在25d以内，避免过早播种和迟插而早穗。每公顷纯氮量控制在150kg以内，增施磷、钾肥。稀播，培育带蘖壮秧。每公顷秧田用种量300～450kg、大田用种量30～45kg，适当稀植，种植密度16cm×20cm。注意防治稻纹枯病、稻纵卷叶螟、二化螟、三化螟。

玉针香（Yuzhenxiang）

品种来源：湖南省水稻研究所、湖南金健米业股份有限公司以天龙香103/R4015为杂交组合，采用系谱法选育而成。2009年通过湖南省农作物品种审定委员会审定，审定编号：湘审稻2009038。

形态特征和生物学特性：属籼型常规水稻，中熟晚籼。株型适中，叶鞘、稃尖无色，落色好。全生育期平均114.0d。株高119.0cm，有效穗数421.5万穗/hm²，穗粒数115.8粒，结实率81.1%。千粒重28.0g。

品质特性：精米粒长8.8mm，长宽比4.9。糙米率80.0%，精米率65.7%，整精米率55.8%，垩白粒率3.0%，垩白度0.4%，透明度1级，碱消值6.0级，胶稠度86mm，直链淀粉含量16.0%。在2006年湖南省第六次优质稻品种评选中被评为1级优质稻品种。

抗性：高感稻瘟病，感白叶枯病，耐寒性较强。

产量及适宜地区：2007年湖南省晚籼组区域试验，单产6 390kg/hm²，比对照金优207减产1.3%，不显著；2008年续试，单产6 930kg/hm²，比对照金优207减产7.2%，极显著。两年区域试验均产6 660kg/hm²，比对照金优207减产4.25%，日产量58.5kg/hm²，比对照金优207低0.3kg。适宜湖南稻瘟病轻发区作双季晚稻种植。

栽培技术要点：湖南省作双季晚稻种植，湘中6月16～18日播种，湘北可提早2d，湘南可推迟2d。每公顷大田用种量37.5kg。7月25日前移栽完毕，秧龄控制在35d内。种植密度16cm×20cm，每穴栽插4～5苗。宜采用中等偏高肥力水平栽培，以充分发挥该品种的增产潜力。以有机肥为主，前期施足基肥，早施追肥，促进分蘖，中后期稳施壮苞肥及壮籽肥；前期浅水促分蘖，中后期保持湿润，切忌脱水过早。在苗期、分蘖盛期和抽穗破口期务必加强对稻瘟病的防治，同时注意防治纹枯病、白叶枯病等病虫害。

玉柱香 （Yuzhuxiang）

品种来源：湖南省水稻研究所、湖南金健米业股份有限公司以湘晚籼13/爱华5号为杂交组合，采用系谱法选育而成。2009年通过湖南省农作物品种审定委员会审定，审定编号：湘审稻2009039。

形态特征和生物学特性：属籼型常规水稻，中熟晚籼。株型适中，叶鞘、稃尖无色，落色好。全生育期平均115.0d。株高122.0cm，有效穗数432.0万穗/hm²，穗粒数133.8粒，结实率80.9%。千粒重28.3g。

品质特性：精米粒长8.7mm，长宽比4.4。糙米率80.3%，精米率70.9%，整精米率63.0%，垩白粒率9%，垩白度0.5%，透明度1级，碱消值6.0级，胶稠度86mm，直链淀粉含量15.5%。

抗性：高感稻瘟病和白叶枯病，耐寒性较强。

产量及适宜地区：2007年参加湖南省晚籼组区域试验，单产6 330kg/hm²，比对照金优207减产2.5%；2008年续试单产7 215kg/hm²，比对照金优207减产3.3%。两年区域试验均产6 765kg/hm²，比对照金优207减产2.9%，日产量58.5kg/hm²，比对照金优207低0.2kg。适宜湖南稻瘟病轻发区作双季晚稻种植。

栽培技术要点：湖南省作双季晚稻种植，6月中旬播种，每公顷秧田用种量300kg、大田用种量45.0kg。秧龄控制在30d内，移栽密度20cm×20cm，每穴栽插2～3苗。中等肥水管理，前期以有机肥为主，施足基肥，早施追肥，早晒田，防止后期倒伏。注意病虫害防治。

早圭巴（Zaoguiba）

品种来源：湖南农学院从圭巴抗中系统选育而成。1994年经湖南省农作物品种审定委员会认定。认定编号：湘品审（认）第174号。

形态特征和生物学特性：属籼型常规水稻，迟熟晚籼。株型松紧适中，茎秆坚韧较粗壮。叶色浓绿，叶鞘、叶缘、叶耳均无色。全生育期127.0d。株高98.0cm，穗长22.0cm，穗粒数110.0～120.0粒，结实率80.0%。谷粒中长，谷壳薄，颖壳秆黄色，稃尖无色、无芒。千粒重22.0g。

品质特性：糙米率78.0%，整精米率61.3%。垩白小，色泽光亮，米质好。

抗性：中抗稻瘟病，中感稻曲病，后期耐寒性强。

产量及适宜地区：一般单产6 000kg/hm²，湖南各地均有种植。

栽培技术要点：6月12～15日播种，7月20日左右移栽，基本苗180万苗/hm²。后期切忌脱水过早。注意防治稻曲病。

第四章
常规水稻育种专家

夏爱民

（1914—1994），湖南省安化县人，男，汉族，湖南省水稻研究所研究员，著名水稻育种家。全国先进工作者、全国劳动模范，1991年享受国务院政府特殊津贴。

长期从事水稻育种工作，在水稻矮化育种方面成绩突出。1963年，育成湖南省第一个水稻矮秆早籼品种南陆矮，又相继育成湘矮早2号、3号、4号、5号、6号和桂武粘、湘粳等系列品种。1971年，育成湘矮早7号、8号等品种，这些品种先后在湖南省内外大面积推广，累计推广种植面积达到1 300万hm²。1972年选育的湘矮早9号成为20世纪70年代初至80年代湖南省早稻当家品种，累计推广种植面积35.5万hm²，为湖南省乃至长江中下游稻区水稻生产的发展做出了重大贡献。

1978年获国家和湖南省科学大会奖，1980年获湖南省科技进步一等奖。1991年荣获湖南省重大科技成果一等奖、省科技进步三等奖各一项。编写《全国水稻优良品种》《湖南水稻优良品种》等著作，发表《我们是怎样加快水稻杂交育种的》等学术论文13篇。

康春林

（1928—　），湖南省湘潭市人，湖南农业大学教授。曾任湖南农学院院长，湖南省农学会、湖南省种子协会副理事长，全国种子协会理事。

1982年被评为湖南省劳动模范，1986年被授予湖南省农业先进工作者称号、国家有突出贡献的中青年专家，1987年被授予湖南省优秀科技工作者称号，1990年被国家教委、国家科委授予全国高等学校先进科技工作者称号，1991年享受国务院政府特殊津贴。

长期从事作物遗传育种的教学和水稻育种的科研工作。20世纪50年代中期至60年代，针对湘中以南晚粳稻推而不广、水稻产量总是早稻高晚稻低的问题，通过分析湖南省水稻品种发展的历史和现状，提出湖南晚季的生态、生产条件更适合晚籼稻的生长发育和夺取高产，提倡调整水稻品种布局，改早籼晚粳为早籼晚籼，并积极探索，努力攻关，最终育成余赤231-8、广余73、余红1号、湘晚籼2号、培两优余红等8个早晚稻品种（组合），1975—1996年累计推广面积420万hm²，其中，余赤231-8是湖南省最早获国家审定的优质稻品种。主持"超高产水稻品种理想型性状和优化配组新技术研究"，通过对大量主栽品种性状进行调查分析，找出水稻高产应具备的理想性状，首次提出了"理想型性状"的概念，为水稻超高产育种提供了重要的理论意义和应用价值。

获得国家科技进步三等奖一项，全国优质农产品奖一项，湖南省科技进步三等奖一项。编写《主要农作物育种技术》《作物育种及良种繁育》等著作，发表学术论文12篇。

劳绍雄

（1929—2014），湖南省长沙市人，研究员。主要从事水稻育种工作。曾担任湖南省水稻研究所育种室主任。1993年享受国务院政府特殊津贴。

长期从事水稻资源研究和育种工作。20世纪70年代育成湖南省第一个晚籼品种洞庭晚籼，20世纪80年代选育出湖南省第一批优质晚稻品种湘晚籼1号、湘晚籼6号。选育的糯稻品种晚粳糯、桂武糯、晚糯84-177成为当时湖南省主要糯稻品种。湘晚籼1号和湘晚籼6号具有米质优、出米率高的优点。

主持育成的多个水稻品种在湖南乃至南方各省累计推广种植面积1 000万hm²。先后获全国科技大会三等奖，湖南省科技进步二等奖、三等奖。发表《早晚稻品种间杂交生育期遗传特性研究》《关于进一步提高水稻品种增产能力的探索》《湖南水稻品种生态特性研究》等论文11篇。

魏子生

（1930—2011），男，汉族，湖南省水稻研究所研究员、著名植物病理和水稻育种专家。主要从事水稻抗性育种工作，曾任湖南省水稻研究所水稻育种室主任，1980年被湖南省政府授予湖南省农业先进工作者称号，1990年被农业部和人事部授予全国农业劳动模范称号，1991年享受国务院政府特殊津贴。

长期从事水稻白叶枯病研究，发现和证明白叶枯病细菌是系统侵染，为防治技术提供了理论依据。从事水稻品种抗灾育种研究，对万余份水稻品种对白叶枯病、细条病、稻瘟病、飞虱、叶蝉的抗性进行了鉴定，筛选出大批抗源。育成抗白叶枯病、稻瘟病、飞虱，苗期抗寒、后期抗热的早籼品种，如湘早籼3号、湘早籼16、湘早籼19、湘早籼29、M931-7-4等，以及后期抗寒、优质、高产的晚籼品种，如湘抗32选5、余水糯等。其中湘早籼3号和湘抗32选5是我国最早育成的多抗、优质、高产新品种，利用湘早籼3号做骨干亲本衍生出新品种29个。湘早籼3号累计推广面积100万 hm²，其中1986年推广面积37万 hm²。先后获得国家级、省部级成果奖18项。

发表论文《水稻白叶枯病症状和侵染》《多抗、优质、高产、高效水稻新品种的选育与应用》《选用抗性品种防治病虫害研究》《选用抗病虫品种减少农药对环境的污染》等39篇。

曾德洪

（1937—　　），湖南新化县人，研究员。曾任湖南省水稻研究所育种室主任，湖南省水稻研究所学术委员会主任。1992年获湖南省优秀农业科技工作者称号，1992年享受国务院政府特殊津贴。

主要从事花培技术选育新品种，主持选育出的水稻新品种有湘早籼1号、湘早籼4号、湘早籼11等10余个。选育的湘早籼1号、湘早籼4号等品种具有熟期适当、抗倒伏性能好、苗期耐冷、适应性广的特点，在湖南省乃至长江流域多省作为早稻主推品种，累计推广种植面积216.9万hm^2。"湘早籼1号的选育与推广"于1990年获省科技进步二等奖，"湘早籼4号的选育与推广"于1991年获省科技进步三等奖。

参与编写《湖南水稻·麦类·油菜主要品种》，发表《水稻花粉植株的活力和单倍体育种研究》《花粉单倍体育种的发展动态和几点看法》《水稻花粉接种前的低温预处理试验》等论文13篇。

何登骥

(1937—)，湖南省道县人，研究员。曾任湖南省水稻研究所所长，育种室副主任，湖南省农作物品种审定委员会水稻专业组组长。

主持湖南省水稻高效优质多抗新品种选育协作攻关课题，培育水稻新品种8个。育成的桂武糯、晚糯84-177、晚籼糯212等糯稻品种，曾在湖南大面积推广。育成的湘晚籼1号具有米质优、抗寒性好等优点，湖南全省累计推广种植面积37.5万 hm²，选育红米晚籼新品种湘晚籼12，米质优、低镉、适应性好，湖南至今还在大面积推广，湖南全省累计推广种植面积98.3万 hm²。

"优质广适红籼米品种湘晚籼12的选育与应用"获湖南省科技进步二等奖，"晚糯84-177和桂武糯选育与应用"获湖南省科技进步三等奖。发表《晚籼一年三代育种技术研究》《湘晚籼1号的选育及应用》《晚籼新品种HR8807的选育及利用》等论文11篇。

廖松贵

（1937— ），怀化市中方县人，湖南省怀化市农业科学研究所研究员。1984年获国家四部委联合颁发的先进工作者称号，1992年享受国务院政府特殊津贴，2000年获湖南省先进工作者称号，2001年获湖南省农业科技工作先进个人称号。

长期从事早稻新品种选育研究，先后选育出怀早1号、怀早2号、怀早3号、怀早4号、怀早6号、怀早7号、怀早8号、湘早籼7号、湘早籼13、湘早籼22、湘早籼23等11个常规早稻品种和八两优96、株两优176和株两优971等5个杂交早稻组合。截至2010年，累计推广种植面积473.7万hm²。其中湘早籼7号、湘早籼13等品种，以生育期适中、丰产性好、抗逆性强、适应性广等特点，被湖南省乃至长江流域多省作为早稻主推品种，3个品种累计推广种植面积458.7万hm²。"湘早籼7号的选育及应用"成果于1994年获湖南省科技进步二等奖，1996年获国家科技进步三等奖。"湘早籼13的选育"1996年获湖南省科技进步二等奖。

参与编写《湖南水稻·麦类·油菜主要品种》，先后发表学术论文10余篇。

刘进明

(1938—)，河北省深州市人，研究员。曾任湖南省水稻研究所副所长，稻米品质研究室和育种研究室主任。1995年被授予湖南省优秀中青年专家称号。

主要从事优质水稻育种工作，主持选育湘早籼12、湘早籼15和湘晚籼2号等品种。湘早籼15于1990年被评为湖南省优质软米，1990年该品种参加第二届全国科研新成果展销会荣获银奖，当年荣获首届中国农业博览会金奖。主持育成的多个优质水稻品种在湖南省乃至南方各省累计推广种植面积75万hm^2。参加了国家质量技术监督局和国家粮食储备局组织的《稻谷》和《优质稻谷》标准的修订，是农业部发布的《食用籼米》行业标准和湖南省地方标准《优质大米》《水稻优质品种》《优质稻米检测方法》的主要起草人。"湖南省水稻新品种区域试验研究"于1988年获湖南省科技进步二等奖，"优质大米标准和检验方法"成果获湖南省科技进步二等奖。发表《大粒型高产早稻新品种87-249的选育及示范》《优质大米出口创汇探讨》《发展优质大米标准是导向、品种是关键》等论文15篇。

第五章
品种检索表

ZHONGGUO SHUIDAO PINZHONGZHI · HUNAN CHANGGUIDAO JUAN

品种名	英文（拼音）名	类型	审定（育成）年份	审定编号	品种权号	页码
T7	T7	常规早籼稻	1989	湘品审（认）第135号		51
爱华5号	Aihua 5	常规晚籼稻	2004	湘审稻2004012		113
白米冬占	Baimidongzhan	洞庭湖区地方品种				45
洞庭晚籼	Dongtingwanxian	常规晚籼稻	1983			114
番子	Fanzi	醴陵市地方品种				46
桂武糯	Guiwunuo	常规晚籼糯稻	1987	湘品审第22号		115
桂武占	Guiwuzhan	常规中籼稻	1963			108
红米冬占	Hongmidongzhan	洞庭湖区地方品种				47
卡青90	Kaqing 90	常规早籼稻	1990	湘品审（认）第142号		52
老黄谷	Laohuanggu	浏阳市地方品种				48
雷火占	Leihuozhan	洞庭湖区地方品种				49
六十早	Liushizao	湖南农家品种				50
娄早籼5号	Louzaoxian 5	常规早籼稻	1995	湘品审（认）第176号		53
南陆矮	Nanluai	常规早籼稻	1963			54
农香18	Nongxiang 18	常规晚籼稻	2010	湘审稻2010038	CNA20080247.X	116
天龙香103	Tianlongxiang 103	常规晚籼稻	2005	湘审稻2005028		117
晚糯84-177	Wannuo 84-177	常规晚籼糯稻	1990	湘品审（认）第144号		118
湘矮早10号	Xiang'aizao 10	常规早籼稻	1978			55
湘矮早3号	Xiang'aizao 3	常规早籼稻	1965			56
湘矮早4号	Xiang'aizao 4	常规早籼稻	1967			57
湘矮早7号	Xiang'aizao 7	常规早籼稻	1984	湘品审（认）第4号		58
湘矮早8号	Xiang'aizao 8	常规早籼稻	1971			59
湘矮早9号	Xiang'aizao 9	常规早籼稻	1984	湘品审（认）第9号 桂审字第018号 GS01000-1984		60
湘辐994	Xiangfu 994	常规早籼稻	2003	XS001-2003		61
湘粳1号	Xianggeng 1	常规晚粳稻	1992	湘品审第98号		119

品种名	英文（拼音）名	类型	审定（育成）年份	审定编号	品种权号	页码
湘粳2号	Xianggeng 2	常规晚粳稻	1996	湘品审第175号		120
湘晚糯1号	Xiangwannuo 1	常规晚籼糯稻	2000	湘品审第270号		121
湘晚籼1号	Xiangwanxian 1	常规晚籼稻	1987	湘品审第21号		122
湘晚籼10号	Xiangwanxian 10	常规晚籼稻	1999	湘品审第247号 赣审稻2000004 国审稻2003062		123
湘晚籼11	Xiangwanxian 11	常规晚籼稻	1999	湘品审第248号 赣审稻2002014		124
湘晚籼12	Xiangwanxian 12	常规晚籼稻	2001	湘品审第307号 国审稻2004027		125
湘晚籼13	Xiangwanxian 13	常规晚籼稻	2001	湘品审第308号		126
湘晚籼16	Xiangwanxian 16	常规晚籼稻	2007	湘审稻2007040		127
湘晚籼17	Xiangwanxian 17	常规晚籼稻	2008	湘审稻2008035		128
湘晚籼2号	Xiangwanxian 2	常规晚籼稻	1991	湘品审第76号		129
湘晚籼3号	Xiangwanxian 3	常规晚籼稻	1992	湘品审第96号		130
湘晚籼4号	Xiangwanxian 4	常规晚籼稻	1992	湘品审第97号		131
湘晚籼5号	Xiangwanxian 5	常规晚籼稻	1994	湘品审第140号		132
湘晚籼6号	Xiangwanxian 6	常规晚籼稻	1995	湘品审第156号		133
湘晚籼7号	Xiangwanxian 7	常规晚籼稻	1996	湘品审第173号		134
湘晚籼8号	Xiangwanxian 8	常规晚籼稻	1998	湘品审第223号		135
湘晚籼9号	Xiangwanxian 9	常规晚籼稻	1998	湘品审第224号 鄂审稻017-2001		136
湘早糯1号	Xiangzaonuo 1	常规早籼糯稻	1985	湘品审第4号		62
湘早籼1号	Xiangzaoxian 1	常规早籼稻	1985	湘品审第1号 闽审稻1991004 GS01019-1990		63
湘早籼10号	Xiangzaoxian 10	常规早籼稻	1991	湘品审第70号		64
湘早籼11	Xiangzaoxian 11	常规早籼稻	1991	湘品审第71号		65
湘早籼12	Xiangzaoxian 12	常规早籼稻	1992	湘品审第93号		66
湘早籼13	Xiangzaoxian 13	常规早籼稻	1993	湘品审第115号		67
湘早籼14	Xiangzaoxian 14	常规早籼稻	1993	湘品审第116号		68
湘早籼15	Xiangzaoxian 15	常规早籼稻	1993	湘品审第117号		69
湘早籼16	Xiangzaoxian 16	常规早籼稻	1994	湘品审第141号		70

品种名	英文（拼音）名	类型	审定（育成）年份	审定编号	品种权号	页码
湘早籼17	Xiangzaoxian 17	常规早籼稻	1995	湘品审第152号		71
湘早籼18	Xiangzaoxian 18	常规早籼稻	1995	湘品审第153号		72
湘早籼19	Xiangzaoxian 19	常规早籼稻	1995	湘品审第154号		73
湘早籼2号	Xiangzaoxian 2	常规早籼稻	1985	湘品审第2号		74
湘早籼20	Xiangzaoxian 20	常规早籼稻	1995	湘品审第155号		75
湘早籼21	Xiangzaoxian 21	常规早籼稻	1996	湘品审第170号		76
湘早籼22	Xiangzaoxian 22	常规早籼稻	1996	湘品审第171号		77
湘早籼23	Xiangzaoxian 23	常规早籼稻	1997	湘品审第195号		78
湘早籼24	Xiangzaoxian 24	常规早籼稻	1997	湘品审第196号		79
湘早籼25	Xiangzaoxian 25	常规早籼稻	1997	湘品审第197号		80
湘早籼26	Xiangzaoxian 26	常规早籼稻	1998	湘品审第218号		81
湘早籼27	Xiangzaoxian 27	常规早籼稻	1998	湘品审第219号		82
湘早籼28	Xiangzaoxian 28	常规早籼稻	1999	湘品审第244号		83
湘早籼29	Xiangzaoxian 29	常规早籼稻	1999	湘品审第245号		84
湘早籼3号	Xiangzaoxian 3	常规早籼稻	1985	湘品审第3号 GS01005-1990		85
湘早籼30	Xiangzaoxian 30	常规早籼稻	1999	湘品审第246号		86
湘早籼31	Xiangzaoxian 31	常规早籼稻	2000	湘品审第265号 赣审稻2002007		87
湘早籼32	Xiangzaoxian 32	常规早籼稻	2001	湘品审第304号		88
湘早籼33	Xiangzaoxian 33	常规早籼稻	2001	湘品审第305号		89
湘早籼37	Xiangzaoxian 37	常规早籼稻	2003	XS002-2003		90
湘早籼38	Xiangzaoxian 38	常规早籼稻	2004	湘审稻2004001 国审稻2005004		91
湘早籼39	Xiangzaoxian 39	常规早籼稻	2004	湘审稻2004002		92
湘早籼4号	Xiangzaoxian 4	常规早籼稻	1987	湘品审第19号		93
湘早籼40	Xiangzaoxian 40	常规早籼稻	2005	湘审稻2005002		94
湘早籼41	Xiangzaoxian 41	常规早籼稻	2005	湘审稻2005003		95
湘早籼42	Xiangzaoxian 42	常规早籼稻	2006	湘审稻2006001		96
湘早籼43	Xiangzaoxian 43	常规早籼稻	2006	湘审稻2006002		97
湘早籼44	Xiangzaoxian 44	常规早籼稻	2007	湘审稻2007001		98

（续）

品种名	英文（拼音）名	类型	审定（育成）年份	审定编号	品种权号	页码
湘早籼45	Xiangzaoxian 45	常规早籼稻	2007	湘审稻2007002		99
湘早籼46	Xiangzaoxian 46	常规早籼稻	2009	湘审稻2009002		100
湘早籼5号	Xiangzaoxian 5	常规早籼稻	1988	湘品审第32号		101
湘早籼6号	Xiangzaoxian 6	常规早籼稻	1989	湘品审第54号		102
湘早籼7号	Xiangzaoxian 7	常规早籼稻	1989	湘品审第55号		103
湘早籼8号	Xiangzaoxian 8	常规早籼稻	1989	湘品审第56号		104
湘早籼9号	Xiangzaoxian 9	常规早籼稻	1989	湘品审第60号		105
湘中籼1号	Xiangzhongxian 1	常规中籼稻	1985	湘品审第6号		109
湘中籼2号	Xiangzhongxian 2	常规中籼稻	1989	湘品审第58号		110
湘中籼3号	Xiangzhongxian 3	常规中籼稻	1992	湘品审第95号		111
湘中籼4号	Xiangzhongxian 4	常规中籼稻	2000	湘品审第267号		112
湘州5号	Xiangzhou 5	常规早籼稻	1985	湘品审（认）第55号		106
余赤231-8	Yuchi 231-8	常规晚籼稻	1984	湘品审（认）第15号		137
余水糯	Yushuinuo	常规晚籼糯稻	1993	湘品审第118号		138
玉针香	Yuzhenxiang	常规晚籼稻	2009	湘审稻2009038	CNA20080250.X	139
玉柱香	Yuzhuxiang	常规晚籼稻	2009	湘审稻2009039		140
早圭巴	Zaoguiba	常规晚籼稻	1994	湘品审（认）第174号		141
早原丰-3	Zaoyuanfeng-3	常规早籼稻	1990			107

附 录

品种名	英文（拼音）名	类型	审定（育成）年份	审定编号	品种权号
长早籼10号	Changzaoxian 10	常规早籼稻	2002	XS040-2002	
创丰1号	Chuangfeng 1	常规早籼稻	2005	湘审稻2005003	
创香5号	Chuangxiang 5	常规晚籼稻	2011	湘审稻2011023	CNA20101185.9
洞庭珍珠香糯	Dongtingzhenzhuxiangnuo	常规晚籼糯稻	1994	湘品审（认）第175号	
鄂宜105	Eyi 105	常规晚籼稻	1987	湘品审（认）第65号	
丰华占	Fenghuazhan	常规早籼稻	2007	湘审稻2007041	
辐296	Fu 296	常规早籼稻	2008	湘审稻2008001	
华润2号	Huarun 2	常规晚籼稻	2014	湘审稻2014019	
嘉育21	Jiayu 21	常规早籼稻	2006	湘审稻2006003	
嘉早211	Jiazao 211	常规早籼稻	2005	湘审稻2005001	
嘉早935	Jiazao 935	常规早籼稻	2002	XS043-2002	
荆糯6号	Jingnuo 6	常规晚籼糯稻	1989	湘品审第59号	
硕丰2号	Shuofeng 2	常规早籼稻	2005	湘审稻2005002	
天龙1号	Tianlong 1	常规晚籼稻	2014	湘审稻2014004	
晚籼紫宝	Wanxianzibao	常规晚籼稻	2014	湘审稻2014020	
湘峰早1号	Xiangfengzao 1	常规早籼稻	2002	XS041-2002	
湘糯24	Xiangnuo 24	常规早籼糯稻	2006	湘审稻2006004	
湘中糯1号	Xiangzhongnuo 1	常规中籼糯稻	2000	湘品审第268号	
象牙香珍	Xiangyaxiangzhen	常规晚籼稻	2013	湘审稻2013030	
星2号	Xing 2	常规中籼稻	2011	湘审稻2011021	
粤王丝苗	Yuewangsimiao	常规晚籼稻	2013	湘审稻2013028	
粤油丝苗	Yueyousimiao	常规晚籼稻	2013	湘审稻2013026	
浙106	Zhe 106	常规早籼稻	2007	湘审稻2007003	
浙207	Zhe 207	常规早籼稻	2009	湘审稻2009001	
浙733	Zhe 733	常规早籼稻	1991	湘品审第73号	
中86-44	Zhong 86-44	常规早籼稻	1992	湘品审第92号	
中86-76	Zhong 86-76	常规中籼稻	2003	XS015-2003	
中98-15	Zhong 98-15	常规早籼稻	2002	XS042-2002	

（续）

品种名	英文（拼音）名	类型	审定（育成）年份	审定编号	品种权号
中 98-19	Zhong 98-19	常规早籼稻	2001	湘品审第 333 号	
中嘉早 32	Zhongjiazao 32	常规早籼稻	2007	湘审稻 2007004	
中健 2 号	Zhongjian 2	常规晚籼稻	2003	XS008-2003	
中鉴 100	Zhongjian 100	常规早籼稻	1999	湘品审第 243 号	
中鉴 99-38	Zhongjian 99-38	常规早籼稻	2002	XS044-2002	
中香 1 号	Zhongxiang 1	常规晚籼稻	2000	湘品审（认）第 184 号	
中优早 5 号	Zhongyouzao 5	常规早籼稻	1997	湘品审第 198 号	
中优早 81	Zhongyouzao 81	常规早籼稻	1996	湘品审（认）第 178 号	

图书在版编目（CIP）数据

中国水稻品种志. 湖南常规稻卷／万建民总主编；
余应弘主编. —北京：中国农业出版社，2018.12
ISBN 978-7-109-24933-2

Ⅰ．①中… Ⅱ．①万… ②余… Ⅲ．①水稻－品种－
湖南 Ⅳ．①S511.037

中国版本图书馆CIP数据核字（2018）第265617号

审图号：湘S（2019）001号

中国水稻品种志·湖南常规稻卷
ZHONGGUO SHUIDAO PINZHONGZHI · HUNAN CHANGGUIDAO JUAN

中国农业出版社
地址：北京市朝阳区麦子店街18号楼
邮编：100125

策划编辑：舒　薇　贺志清
责任编辑：郭银巧
装帧设计：贾利霞
版式设计：胡至幸　韩小丽
责任校对：刘丽香
责任印制：王　宏　刘继超

印刷：中国农业出版社印刷厂
版次：2018年12月第1版
印次：2018年12月北京第1次印刷
发行：新华书店北京发行所

开本：787mm×1092mm　1/16
印张：10.75
字数：245千字

定价：190.00元